"十三五"江苏省高等学校重点教材（编号：2016-2-122）

景观设计手绘表现

主 编 高祥生

副主编 王 桉 李 响

南京师范大学出版社

NANJING NORMAL UNIVERSITY PRESS

图书在版编目（CIP）数据

完全手绘·景观设计手绘表现 / 高祥生主编 . -- 南京 : 南京师范大学出版社 , 2019.8

（设计专业手绘表现丛书）

ISBN 978-7-5651-4239-0

Ⅰ . ①完… Ⅱ . ①高… Ⅲ . ①景观设计 – 绘画技法

Ⅳ . ① TU986.2

中国版本图书馆 CIP 数据核字（2019）第 113690 号

丛 书 名　设计专业手绘表现丛书

书　　名　完全手绘·景观设计手绘表现

主　　编　高祥生

副 主 编　王　桉　李　响

策划编辑　何黎娟

责任编辑　杨　洋

装帧设计　观止堂 _ 未泯

出版发行　南京师范大学出版社

地　　址　江苏省南京市玄武区后宰门西村 9 号（邮编：210016）

电　　话　（025）83598919（总编办）83598412（营销部）83373872（邮购部）

网　　址　http://press.njnu.edu.cn

电子信箱　nspzbb@njnu.edu.cn

印　　刷　江苏凤凰通达印刷有限公司

开　　本　889 毫米 ×1194 毫米　1 / 16

印　　张　10.75

字　　数　132 千

版　　次　2019 年 8 月第 1 版　2019 年 8 月第 1 次印刷

书　　号　ISBN 978-7-5651-4239-0

定　　价　54.00 元

出 版 人　彭志斌

当下，景观设计手绘表现类图书的品类较多，其内容大多是围绕马克笔表现技法展开，这类书籍对于在校学生短期内提高景观手绘表现具有一定的参考作用，但是并不能从根本上解决手绘表现"为何而表现"的问题，而这恰是景观手绘表现的基本问题，也是最根本的问题。一幅优秀的景观手绘表现图，技法仅起到画龙点睛的作用，而具备扎实的设计理论知识，并能够结合图面灵活运用，才是绘图者通过手绘表现设计构思，把控整体图面效果的基础。本教材正是立足于"为何而表现"对景观设计手绘表现进行系统的讲解，因此它不仅包含绘图技法，还涉及各元素在景观设计中的运用方法。

所谓"意在笔先"，即在创作一幅景观手绘表现图时，创作者首先要清楚每一笔的作用和需要达到的图面效果，预知图面内各种表现元素之间的关系，只有做到心中有数，才能做到落笔准确、言之有物。因此，本教材在编写上首先对手绘表现的相关原理性基础知识进行阐释，对读者应知应会的基础理论知识，如透视原理、色彩关系、明暗层次等通过图文结合的方式展开较系统的讲解；其次，为了便于读者的情境式学习，对于钢笔、马克笔、彩铅等材料技法的表现也全部采用原创的步骤图展示，从最初始的笔触示范、排笔到结合图面主次、虚实等关系进行笔触的叠加与综合运用，再到对完整的画面绘制全过程，以步骤图展示并辅以文字剖析，使初学者既能深入系统地理解景观设计手绘表现的基本原理和规范要求，又能快速准确地通过手绘表现景观设计方案。

读者对于手绘表现的学习应是一个从整体到局部再到整体的过程，即对景观手绘表现图的作用与内容先有一个整体的认知；在此基础上深入各个部分的学习与训练：如线条的绘制训练、各景观局部的绘制训练等；然后再掌握画面整体的构图与主次布局，以此达到把握画面绘制的整体感的目的。本教材即是在遵循这一规律的基础上编排各部分的内容，以循序渐进的逻辑帮助读者建构手绘表现图的认知与练习。

需要说明的是，本教材还将工程图的相关制图知识与手绘表现相结合进行讲解。景观手绘图不同于艺术创作，其最终目的是为了设计方案的表现，而设计的过程不能缺乏规范的工程图表现以及施工工艺、材料等相关知识。而这部分内容恰是我们常见的手绘表现书中缺乏的，也是本教材的一次创新，其目的是为了将手绘表现落实到实际的设计应用中，而不是仅仅停留在图面的技法与艺术表现上。

前言 —— preface

　　此外，为了进一步便于学生的学习理解与掌握，此次编写团队针对本教材的具体教学内容还配备了完整的手绘教学视频，将手绘表现的常态直观地展现给读者，便于综合学习、参考和应用，进一步加强了本教材的实际应用性。教材中的作品除个别有署名外，其余皆由李响绘制。

　　由于编者的能力和水平有限，该教材在编写过程中难免存在疏漏和不足之处，恳请读者和同仁批评指正！

目录 ……… Contents

第五章　景观设计手绘表现图的画面组织

第六章　景观设计手绘表现图与工程图的结合

1st

CHAPTER

景观设计手绘表现概述

一、景观设计手绘表现图的概念

景观手绘表现图是景观设计的一种表达形式，是景观设计者用来表达设计意图的绘画形式；景观表现图既要客观地反映实际的景观环境，又要满足图面的美观要求。

景观表现图的概念

现阶段，景观手绘表现图不仅是提高设计者设计水平的有效训练方法，也是众多高校、设计公司选拔设计专业人才的必考内容。素描、速写、色彩是画好手绘图的基础，对施工工艺、材料的了解是画好手绘图的条件。学习、训练并扎实掌握景观手绘图的表现，对于从事景观设计专业的设计人员有极其重要的意义。

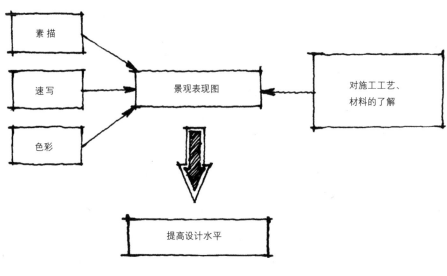

景观手绘表现的意义

二、景观设计手绘表现图的特点

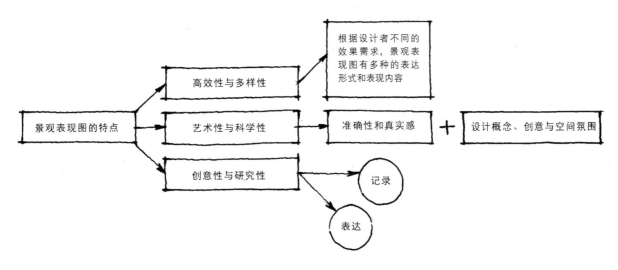

景观表现图的特点

1.高效性与多样性

景观手绘表现图最主要的特点是快捷、方便、直观、表现力强，绘制不受场地、工具等条件的制约。当设计者有了设计构思，即可运用马克笔、彩色铅笔等工具，快速表达其对场地空间的理解、分析和设计创意。此外，景观表现图不仅可以帮助设计者在原有方案的基础上，方便、直观地与委托方和专业人士进行交流，还可以根据反馈的意见和建议及时修改方案，既加强了沟通效果，还能进一步活跃设计思维，为方案的深化预留更多的时间。

在实际的应用中，根据设计者不同的效果需求，景观表现图有多种多样的表达形式和表现内容。在方案展示方面，可运用钢笔、马克笔、彩铅、水彩等多样的工具进行表现；在思维分析方面，可运用类比、并行、排列等图像化的形式来表现创意；在工程技术方面，可用于建设施工技术问题的表达。

2.艺术性和科学性

景观手绘表现图和素描、水彩画一样，其表达比实际的场地空间更为集中、典型和概括。它是设计者艺术素养与表现技巧等综合能力的体现，是以自身的艺术魅力和强烈的感染力向人们传达设计的思想与理念。对于设计者而言，在进行景观表现图的绘制时，可以有一定的主观能动性，但不能离开原有的设计意图用写意的方式来表现。无论是设计者自己用来推敲研究方案或是向别人表达设计意图，都必须使景观表现图尽可能地忠实原设计，尽可能地符合工程建成后的实际效果。

因此，景观表现图一方面要通过图面表达出设计者的设计概念、创意与空间氛围；另一方面吸取了景观工程制图的一些方法，对于画面形象的准确性和真实感要求较高。

3.创意性与研究性

设计的灵感在于创新，创意构思是设计过程中最具有个性和感性色彩的部分，关系到设计意向的特点和整体效果，是设计精华所在。而景观手绘表现正是设计者捕捉设计灵感、表达原创性思维的一种方式，是设计构思过程中对视觉形态表达及各部分空间关系最好的推敲方式。对于设计者而言，景观表现图是他们独有的设计语言，它不仅是色彩、构图、线条、笔触的表达，也是创意思维的表达，是设计者创意思考在笔尖的自然流露，更是随着设计的深入而进行的再创作。在设计完善过程中，创意占据主导的地位，语言、形式、色彩等相互照应，在紧扣创意和想象力的基础上将设计完善。

景观手绘表现既是记录和表达设计思维的脚本，也是非常有意义的方案探索过程，反映了设计者在方案设计过程中大量的艰苦探索和所解决的问题。手绘表现图不仅能迅速捕捉设计师的创意，对同一对象进行反复推敲，还能从不同角度对景观场地进行研究、观察，表现其造型。

三、景观设计手绘表现图的内容

作为设计的表达形式和设计手段，景观手绘表现图涵盖了设计草图、平面图、分析图、剖立面图和透视图。其中，不同的内容用于诠释不同的设计概念与意图，如从概念结构到平面形态，从空间的处理到组织与统一，这些手绘表现图就是场地空间的信息图解。通过这种图解，设计师一步步探究创作过程直至结束。不同的手绘图内容既体现了设计师的手绘素养，也体现了设计师对于场地空间的解读与处理能力。

1.景观平面图

景观平面图用于表达一定区域范围内场地设计内容的总体面貌，反映景观各个部分之间的空间组合形式与规模。平面图是方案设计手绘图的重要内容，能够集中表达设计者的场地构思，相对于立面图、剖面图、效果图而言，更具核心的意义。通过平面图表现，设计师可以直接、完整地表达场地空间的整体构架。

在实际应用过程中，景观平面图需要标明规划设计场地的边界范围及其周边的用地状况；标明对原有场地地形、地貌等自然状况的改造内容与增加内容；按比例表达场地内部构筑物、道路、水体、地下或架空管线的位置与外轮廓；按比例表达景观植物的空间种植形式与空间位置；按比例表达场地内部的等高线位置及参数，以及构筑物、平台、道路交叉点等位置的竖向坐标。

2.景观立面图、剖面图

景观立面图、剖面图是对场地空间设计的进一步诠释，反映主要设计内容的立面形态与空间层次，是对场地空间竖向上的三维表达。它既可以帮助设计者按照比例了解设计项目，也可用于快速了解设计方案变更，帮助设计方案具体化的一种常见手绘图。它还能清晰地表达场地内部空间布局、层次、结构与构造形式，尤其当设计场地为竖向高程变化较为明显，或者以地形整合为主体设计的景观空间时，剖立面图是验证、推敲平面方案是否合理，空间尺度，主体空间与次要空间的主从关系、虚实关系，整体轮廓控制等细节设计内容是否合适的一种有效方法。

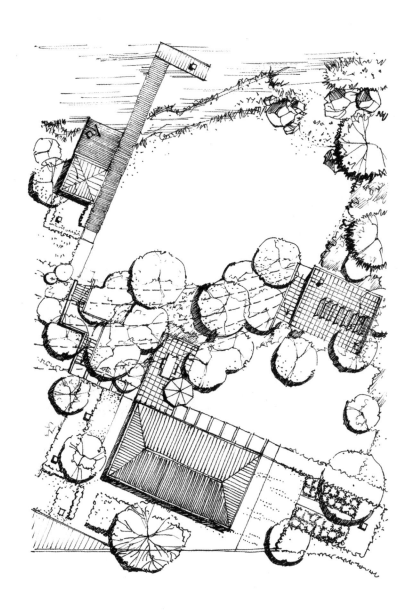

手绘景观平面图（周清源 绘制）

（1）立面图

立面图是一种标准的工程图，它能帮助设计者按比例推敲、研究场地设计。当设计一个场地时，在平面图、立面图之间反复研究有助于设计方案的具体化，并帮助设计者对酝酿的种种想法进行检验。立面图要按比例绘制出景观物体的侧视图和构筑物的外视图，能够详细地展示场地植物、构筑物、小品的立面。

（2）剖面图

剖面图是通过平面图的一个连续切开的部分，用来展现景观场地内部、构筑物和地平面轮廓线。剖面图是用图表现景观场地内部、各设计要素关系的极好工具，它清晰地表明景观设计怎样与地平面进行联系。

通过立面图与剖面图的绘制，设计师能够进一步诠释设计场地竖向高度上的空间概念，以及不同高度空间平面上的衔接关系。

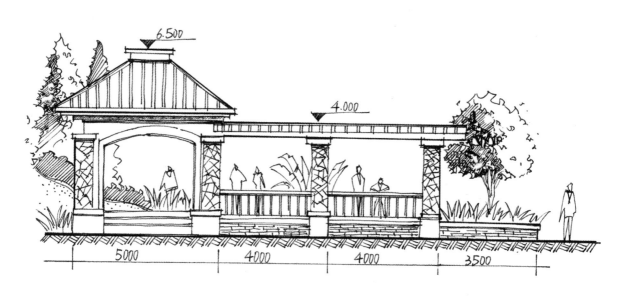

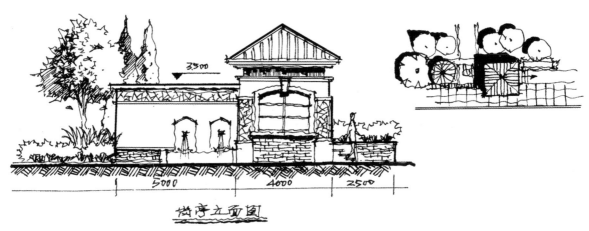

手绘景观廊亭、岗亭立面图

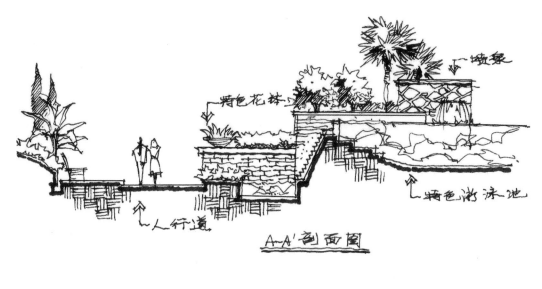

手绘剖面图示意

3.景观效果图

　　景观效果图分为人视透视图与鸟瞰图，二者的主要差别在于绘图者视点定位的不同，所表现的内容也随着视点的差异从空间局部转向空间整体。但无论选择哪一种视点，都必须能够诠释、表达设计者的设计构思与空间意识，以预期的场地环境为目标，符合总体设计的平面空间需求。因此，绘图时对表现主体、透视角度、视点高低、整体构图等方面要有明确的安排。在具体的表现内容上，要选取最能体现设计特色的景观场景与空间类型，主体核心部分在线稿图中需表达详细。

　　（1）人视透视图

　　人视透视图一般把视点定在1.5m左右，一般以一点透视与两点透视为主。人视透视图的优势在于它最接近人眼视角，是人眼视线的延伸，图面表达更为真实。相较两点透视，一点透视较为简单，成图迅速，表现的场景也要比两点透视少得多，多用于表达呈轴线式布局的场地，而两点透视则表达了两个方向的空间内容。

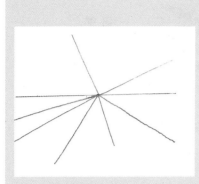

第一步：确定图面空间透视角度、灭点，拉出各透视线。水平线为视平线，一点透视的情况下，与画面垂直的边线都会往视平线上的一个消失点汇聚

第二步：根据空间透视线勾勒景观各元素轮廓，把远近关系交代出来

第三步：初步细化景观各元素，铺设阴影、纹理。不同的元素用不同的线条进行表现

第四步：深入细化景观各元素及阴影，加大明暗反差，从而使立体感增强

一点透视效果图绘制示意

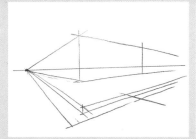  

第一步：确定图面空间透视角度、灭点，拉出各透视线。在视平线上找到左、右两个消失点以确定透视关系

第二步：根据空间透视线勾勒景观各元素轮廓，元素的竖线保持垂直，向消失点汇聚的线要确保角度协调

第三步：初步细化景观各元素，铺设阴影。植物的线型要体现种类的区分

第四步：深入细化景观各元素及阴影，构筑物上的排线方向要顺应块面的角度和透视变化

两点透视效果图绘制示意

（2）鸟瞰图

鸟瞰图是表达整体设计格局与内容的图纸形式，其视点往往高于正常人体尺度的视点高度，成图原理与成角透视相同，只是表现不同。由于具体视点高度选择不同，因此就有局部低视点鸟瞰和完全高视点鸟瞰之分。鸟瞰图的空间绘制处理可以采用两点透视，也可以采用三点透视，这取决于设计者要表现的内容主体。与两点透视相比较，三点透视的鸟瞰更具视觉冲击力，气势更磅礴。

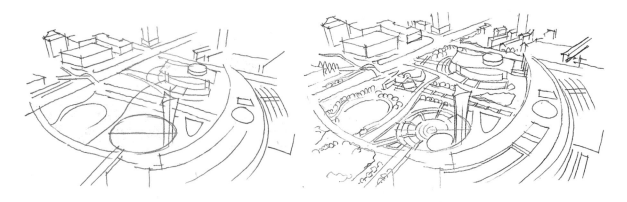

第一步：确定俯瞰角度，勾勒景观场地各元素的透视轮廓　　第二步：初步细化景观场地各元素，鸟瞰图的树以圈表示，建筑以简要的体块表示

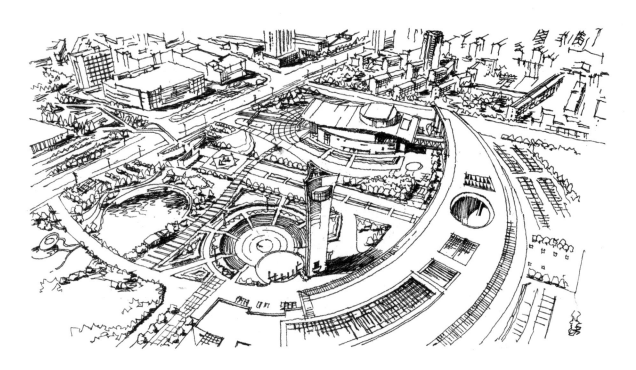

第三步：深入细化景观场地各元素及阴影，重点刻画中景元素，适当概括表达远景和近景

鸟瞰图绘制示意

四、景观设计手绘表现图的类型

针对不同的绘图目的和设计阶段，景观表现图也分为记录性表现图、方案构思表现图、效果表现图三种类型。

1.记录性表现图

记录性表现图是一种很好的记录手段。它可以被看作一种图形笔记，比如，当看见一件好的设计作品迸发创意灵感时，快速地将其记录下来，可以在脑海里形成一个深刻的印象，经过不断地深化、修改，就有可能形成一个完整的作品。记录性表现图对于专业设计师而言是很好的资料积累方式，一方面可以不断提高设计者的手绘能力，另一方面可以在设计者的脑海中形成强大的资料库，帮助设计者提升设计能力。

2.方案构思表现图

设计者的设计意向在方案设计的初始阶段是模糊而不确定的，随着设计的深入而逐渐清晰明了。方案构思图能够将设计思维活动的某些过程和成果展现出来，经过反复的推敲与分析，通过手绘逐渐地把一些不确定的抽象思维慢慢地图示化、具体化，一步步实现设计的目标。

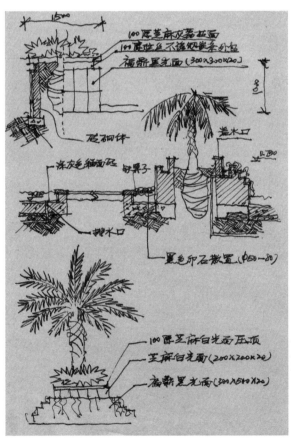 

记录性表现图示意

　　方案构思表现图能够不断地提醒设计者，在遇到某些不协调和不恰当的因素干扰时，保持设计构思的整体性；能够帮助设计者分析、研究场地和周边环境、构筑物的创意、造型，帮助设计者进行对场地形式美的把握，对空间场地的模拟、色彩的构想，确保自然因素的协调，对景观的节点的一次次深化。此外，方案构思表现图还可以培养设计师敏锐的感受力和想象力。

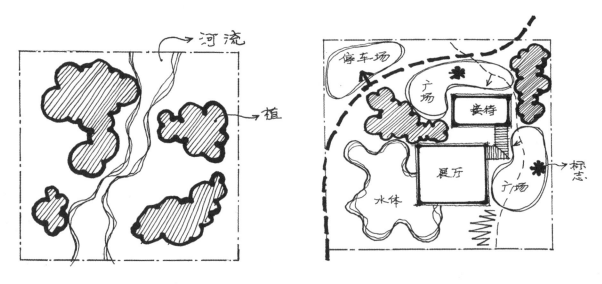

方案构思表现图示意

3.效果表现图

　　效果表现图一般在设计接近完成的阶段绘制。此时，正式效果图的图面结构严谨，材质、色彩、构图、光影布局准确，能够最大限度地接近真实的环境场地和氛围。一般要求图面的空间整体感较强，透视准确；比例合理，结构清晰、层次分明，关系明确；色彩基调鲜明准确，环境氛围渲染充分，质感强烈，整体图面生动灵活。

效果表现图示意

2nd
CHAPTER

景观设计手绘表现

基础知识

一、手绘图的工具和材料

1.笔

（1）铅笔

铅笔是使用最为广泛的绘图工具之一。虽然铅笔只能表达黑、白、灰的明暗对比关系，但很快捷，且具有丰富的表现力。

绘图铅笔有软、硬度的区分，H表示铅笔的硬度，B表示铅笔的软度，字母前的数字越大，对应的软度、硬度越高。一般在绘图时，H、2H、HB硬度的铅笔用来打底稿、勾勒草图与轮廓；2B、3B、4B用来表现暗部或者有灰度的区域；5B、6B用于图面深色部分的表现。

各类铅笔在表现时，用笔的轻重缓急、力道变化会产生不同的表现效果，需要多加练习，细细体会。

扫码，看铅笔排线方法讲解与铅笔画树步骤示范

铅笔排线方式示意

第一步：勾勒轮廓时用笔要注意轻松有弹性，勾勒树形的轮廓线要注意笔触方向的变化

第二步：初步刻画时要注意笔触排线的块面表达及方向的协调，初步交代画面的光感

第三步：深入刻画时多用
小笔触，排线笔触的层次
叠加，强调出明暗阴影的
关系。由于树木的自然特
性，适当地在局部改变排
线方向可以使其更加自然
并富有生气

用多种铅笔线条画树

第一步：勾勒轮廓时用笔要注意轻松有弹性，注意透视线要向消失
点的位置汇聚

第二步：用大笔触排线，确立图面中景观元素的大块面明暗关系，
处理建筑的暗部时，不要忽视屋檐在墙面上的投影

第三步：通过小笔触规则
排线进行深入的刻画，丰
富景观元素的形态、肌理
和阴影层次

多种铅笔线条的综合运用

（2）钢笔

相较于铅笔，钢笔对于黑白、明暗对比的表达更为强烈。手绘所用钢笔主要有普通钢笔、速写钢笔和针管笔等。

①普通钢笔

普通钢笔所绘制的线条粗细相对一致，但用笔尖不同部位作出的线条也会稍有变化。

②速写钢笔

速写钢笔笔尖尖端略向上弯，用不同的接触角度和方向可以作出一系列粗细不同的线条。

③针管笔

针管笔所绘制的线条粗细取决于针管的管径。针管笔有从0.13mm~1.2mm等由细到粗的规格，利用笔触的粗细变化可以表达不同的效果。

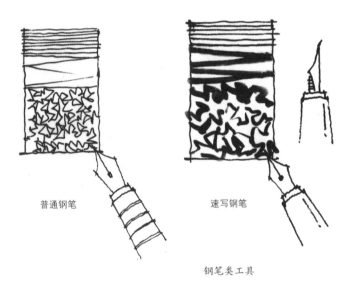
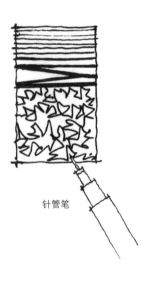

普通钢笔　　　　　　　速写钢笔　　　　　　　针管笔

钢笔类工具

以上不同的钢笔所作的线条各有特点，但线条本身只有一种颜色，不具备明暗和质感的表现力，对于画面中需要表现中间过渡的灰色区域，则需要通过排线和笔触的变化，形成多种不同的明暗调子和肌理效果来实现。

此外，钢笔还可以与彩色铅笔、马克笔、水彩等结合运用，形成更加完整、丰富的表现效果，例如表现草地、木纹、树木和混凝土等。

扫码，看更多钢笔排线方法示范讲解

钢笔的排线方法示意

（3）彩色铅笔

彩色铅笔是一种常用的效果图辅助表现工具，其颜色丰富、色彩表达细腻，使用方便，容易把控，笔触质感较为强烈。市面上常见的彩色铅笔有12色、24色、48色等组合，其种类也较多，从性质上可分为油性彩铅和水溶性彩铅。

油性彩铅可以直接在手绘底稿上上色，利用素描的线条画法将笔触进行多样排列、叠加，通过色彩的深浅变化来丰富图面的效果。

排列　　　　　　　　　　　平铺　　　　　　　　　　　叠加

油性彩铅常用笔触示意（赵丹丹 绘制）

水溶性彩铅在图面上着色时可以画出像铅笔一样的线条，用蘸清水的毛笔将笔触晕开，能形成类似水彩的渲染效果，可以弥补马克笔不能大面积平涂的缺陷。

在景观设计手绘图中，常用的是水溶性彩铅。它的笔触既可用来表现粗糙的质感，如岩石、草地等，也可进行大面积的平涂。

彩色铅笔在绘制时由于笔触较小，可用于表现较为细腻的效果。但大面积表现时，要考虑到深入表现所需要的时间。彩色铅笔也常常与钢笔、水彩和马克笔配合使用。

扫码，看更多彩铅常用笔法示意讲解

斜排　　　　　　竖排　　　　　　散排　　　　　　退晕

水溶性彩铅常用笔触示意（赵丹丹 绘制）

使用彩色铅笔绘制的效果图

钢笔、彩铅、马克笔配合使用绘制的效果图

（4）马克笔

马克笔的名称来源于英文"marker"的音译，意为记号笔。它笔头较宽，表现力好、附着力强；颜色也从最初的一种发展到了现在的上百种，省却了选笔、调色的麻烦，使作图快捷方便。

马克笔因灌注的颜料不同而分为油性马克笔和水性马克笔，两者之间可以混合使用。

油性马克笔用有机化合物作颜料溶剂，色彩透明，纯度较高，挥发得快，干后色彩稳定不变色，适用于各种纸张，但不适用较为粗糙的水粉纸和水彩纸。另外，它能多次覆盖，并能够在水彩、彩铅的底作上显色。

水性马克笔主要以酒精为颜料溶剂，干后颜色会变淡，多次覆盖后颜色会变浊。需要注意的是，绘图过程中若过多使用水性马克笔会损伤纸面，尤其在较薄的纸上。

目前市场上常用的马克笔主要分为两面笔头、单面笔头，造型各不相同，一般常选用两面笔头。徒手绘制时，马克笔通过笔触的叠加排列（一般先浅色后深色）来表现层次过渡的变化。

初学者需注意选色不宜太多，一般挑选10余种、以灰色为主调的颜色即可。景观手绘表现的颜色一般以灰色系和绿色系为主，局部配合黄色系、红色系、蓝色系来丰富画面。

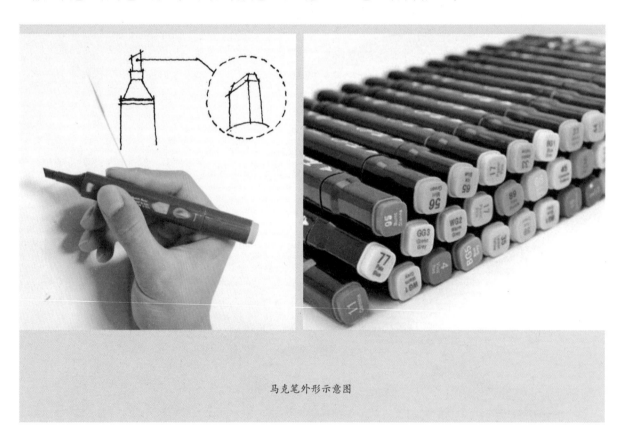

马克笔外形示意图

（5）水彩

水彩是艺术表现力较强的一种手绘表现工具，既可以单独使用，也可以与其他表现工具，如钢笔、彩铅等，结合使用。在景观手绘图中合理运用这种表现工具，不仅可以快速地表现设计作品，并能够塑造具有感染力的画面氛围。

需要注意的是，水彩的使用对于纸张的吸水性有一定的要求，在具体的使用中对调色、用水等方面需多加注意，以免对设计图纸的其他部分造成影响。

使用水彩绘制的效果图

2.纸

纸是手绘图表现的基本载体，常见的图纸种类多种多样，且各具特性。不同的纸绘制出的图的色泽和效果也各不相同，使用者可根据景观手绘表现的需要，进行相应的选择。

（1）复印纸

复印纸幅面整洁、细腻，规格多样，无须剪裁，使用较为方便，是景观手绘的常用纸张。复印纸吸水性适中，使得笔触流畅，能将马克笔的特点充分发挥出来。比较好的复印纸，尤其是克重较高的复印纸吸水率只有15%左右，作为马克笔快速表现用纸的效果较好。

（2）白色绘图纸

白色绘图纸表面为白色复合纸面，光滑，吸水率有限且适中，质地紧密，较为强韧，无光泽，尘埃度小，具有优良的耐擦性、耐磨性、耐折性，十分适宜作为铅笔、墨线笔的绘制或书写用纸。同时，白色的底色能使色彩更加突出、明亮、对比强烈，配合铅笔、钢笔、彩铅和马克笔使用，可以产生不错的图面效果，尤其对马克笔来说，也是理想用纸。

（3）彩色绘图纸

彩色绘图纸是具备不同明度、色相、彩度的纸张，它具有挺拔、不易变皱、表现力强的特点。图纸的底色如果能够和图中线条、色彩合理搭配、互相衬托，可以创造出与众不同的效果。

需要注意的是，利用彩色绘图纸进行手绘表现，需要具备扎实的绘画和设计基本功，才能突出图纸的设计特色，否则很容易本末倒置，使设计主题不鲜明，失去色纸使用的意义。

（4）拷贝纸

拷贝纸也称草图纸，具有一定的透明度，且质地柔软、质感轻薄。它多用于设计构思初期的手绘图阶段，可多层覆盖，进行方案的修改与推敲。由于耐磨性、耐折性较差，绘图时需注意选用的绘图笔笔尖不宜过细、过尖，以免损坏纸张。

（5）硫酸纸

硫酸纸是一种半透明的纸张，有一定的硬度，纸面晶莹光洁、透明度好，它无渗透性，强度高，可以反复修改，且正反两面均可使用。

需要注意的是，硫酸纸纸张不耐水且不易着色，不适宜水彩和彩铅的表现，但可以用针管笔上墨线或用马克笔着色。相比较而言，水性马克笔颜色比油性马克笔更为清新，油性马克笔在这种半透明的纸张上颜色略显暗淡。

（6）水彩纸

水彩纸从表面质感来看，有粗、细两种；从吸水率上看，有高、低之分。吸水率高的水彩纸宜采用湿画法，吸水率低的水彩纸宜采用干画法；质地粗糙、纹路较大的水彩纸还可专门用来绘制较为粗糙的地面或物体。高质量的水彩纸可以为设计师利用多种颜料、材料来实现设计创意的手绘表现提供可能。

3. 图板、尺

（1）图板

图板是绘图中常用工具，常用规格有三种：零号图板1200mm×900mm，一号图板900mm×600mm，二号图板600mm×450mm，绘图者可根据自身需要选择相应的图板。普通的图板由框架和面板组成，短边为工作边，面板则为工作面。对图板的面板要求主要是平整、软硬度适中，图板侧边要求平直、平整。

（2）尺

在手绘图表现的过程中，经常需要用到直尺、丁字尺、三角板、曲线板等工具，这些工具可以辅助画出各种不同的线条。

圆模板，绘制景观平面图过程中，各种树的平面表达可以根据比例利用圆模板打稿，使用方便快捷

曲线板，可以方便绘制各种曲率半径不同的曲线。在景观手绘图表现中，构筑物、道路、水池等不规则曲线的形态，都可以通过曲线板进行准确的表达

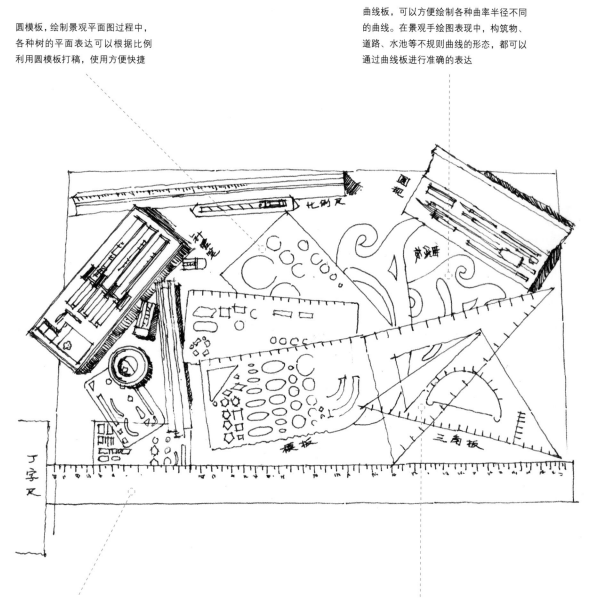

丁字尺，又称T形尺，由互相垂直的尺头和尺身组成，主要与图板结合用于绘制平行线，也可配合三角板绘制垂直线。丁字尺的常用规格为600mm、900mm、1200mm三种，绘图者可根据图板的宽度进行选择

三角板，有45°、60°两种规格，在绘图过程中用途较广。单独使用时，可绘制、测量不同的角度，也可替代各种直尺绘图。如用马克笔上色时，当画面需要排绘一些过长的直线时，就可以借助三角板一侧画出有力度的线条；当三角板与丁字尺结合，可以绘制出垂直线或相应度数的斜线

绘图常用的各种工具尺

4.其他辅助工具

在手绘过程中，根据设计者的不同需要还有其他一些辅助工具和材料，如圆规、修正液、三眼钉、不粘胶带、橡皮、裁纸刀等。其中，修正液和圆规对于帮助绘制图面、完善效果有一定的作用。

（1）修正液

修正液，是一种白色不透明颜料。修正液用于景观设计手绘表现图时，一方面可以用来修正画面局部错误；另一方面则多用于画面局部的高光表现，也适用于一些特殊材质效果的表现，如表现水

面、玻璃等的反光效果时。修正液的使用往往会成为手绘效果图的点睛之笔。

（2）三眼钉、不粘胶带

绘图时若需要将图纸固定于图板上时，应用三眼钉或不粘胶带对图纸进行固定，保证图板面板和图纸的完整和整洁。

（3）橡皮

在起底稿时，为了修改铅笔或彩铅的痕迹，需要准备一块柔软度较高的橡皮，以确保大面积擦拭时不会对图纸表面造成损伤。常见的硬质橡皮只适合擦拭、修改很淡的局部绘图线稿。

修正液在效果图中用于表现高光

二、美术基础知识

1.明暗

（1）黑、白、灰

在绘制表现图时，为了表达画面的纵深感和物体的体积，并合理地组织色调，必须处理好画面的明暗关系。在一幅表现图中，应该有最亮、中间和最暗三种色调，即黑、白、灰，且这三种色调应该以适当的比例互相穿插、交织、叠合，组成和谐统一的图面。

最暗的色在画面中的比重不宜过大，否则，会使整个画面变得压抑沉闷。表现明朗的环境或气氛，可以使亮色在图纸中占较大的比重。

借助黑与白的对比，可使画面富有生机。但仅仅依靠黑白的对比依然不能使画面达到和谐统一，为此，还必须插进中间色调，即"灰"，从中起调节的作用。就面积而言，中间色调在画面中应占较大比重，最暗或最亮的色应占较小的比重。处理好中间色调对于丰富画面的效果具有明显的作用。

在需要表现不同的明暗色阶时，常通过线条的粗细、疏密，墨点的大小、疏密及网格交织来表示。

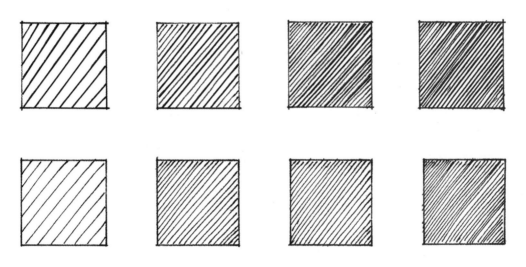

不同粗细的笔尖画出不同间距的排线，表现深浅不同的灰色

世界上的物体，从白色的雪到黑色的焦炭，明暗的色阶差别极大，而我们的铅笔、钢笔、颜料所表现的明暗差别是有限的。因此，我们只能利用绘画工具以有限的明暗差别来概括地表现无限丰富的物质世界。在明暗表现时，就是三大面、三大调的表现方法。

（2）明暗层次的表达方式

在一幅景观手绘表现图中应该有明确的明暗层次，即要有一种由亮至暗的对比关系。这种明暗的层次感既有助于真实地表现景观，也可以确立画面中景观元素的立体感和重量感。

方式一：以线条的疏密表现明暗层次。

明

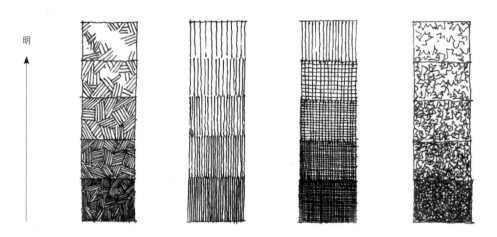

以线条的疏密表现明暗层次

方式二：通过线条的各种重叠交织，如线条的疏密、交叉、重叠来构造图形符号，以表现景观的明暗变化，使之呈现不同的明暗层次。

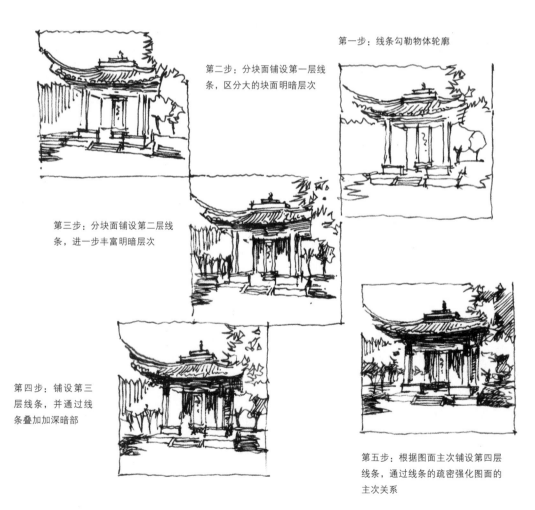

第一步：线条勾勒物体轮廓

第二步：分块面铺设第一层线条，区分大的块面明暗层次

第三步：分块面铺设第二层线条，进一步丰富明暗层次

第四步：铺设第三层线条，并通过线条叠加加深暗部

第五步：根据图面主次铺设第四层线条，通过线条的疏密强化图面的主次关系

通过线条的各种重叠交织表现明暗层次

（3）用明暗表达立体形象

①立方体的明暗表达

在具体表现物体的立体形象时，首先需要仔细观察、分析和研究物体的造型特点和明暗规律，可参考立方体的明暗表达。

● 同样具有三大面和一块阴影的立方体，可分别用16种不同方向的排线画成，由于运用同一种明暗调，所以得到的仍是近似的效果。

扫码，看明暗调效果表现过程

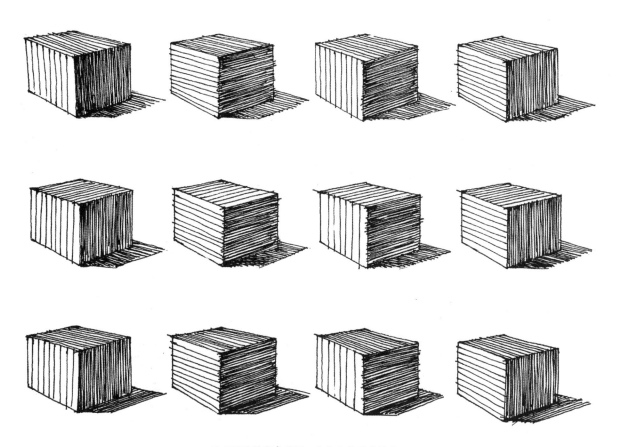

用不同的排线表现同一立方体的明暗调子

● 分别运用点状笔触、方格网线、垂直线，以及垂直线与水平线相结合的方法画成的立方体。

扫码，看不同笔触立方体表现过程

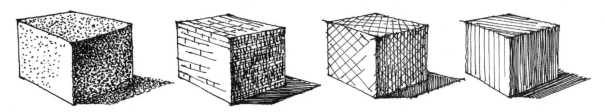

同一物体的多种表现方法

● 立方体不同透视角度的明暗关系。

扫码，看不同透视角度的明暗关系表现

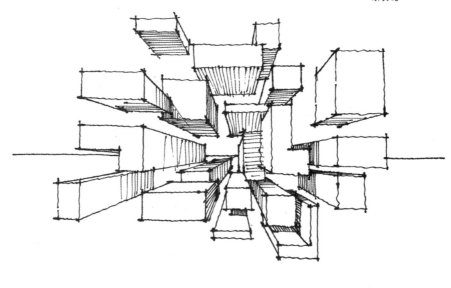

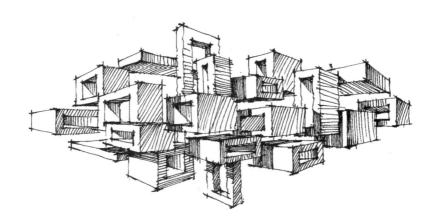

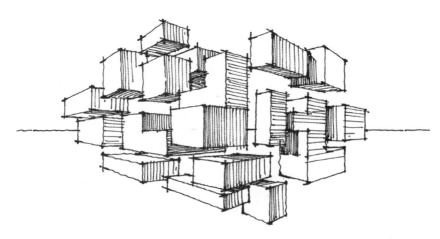

不同透视角度的明暗关系

②球体和圆柱体的明暗表达

表现球体和圆柱体的明暗时，线条绘制要体现物体表面的弯曲感。

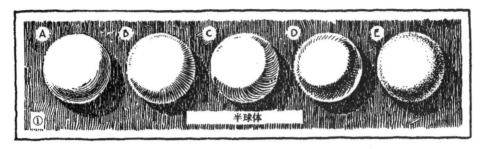

从投影的形状可以看出图中是半球体。亮面部分用空白表现，暗面用点或短线组成。A 用近似同心圆弧表示，接近受光部分的曲线逐渐变短，曲线两端逐渐变细，甚至使用虚线；B、C 用辐射状短线条表示，且有不同程度的弯曲和轻重变化；D 用交叉线来组成暗面；E 则使用点状笔触组成暗面。为显示白色半球的立体感，背景全部采用深灰色调。

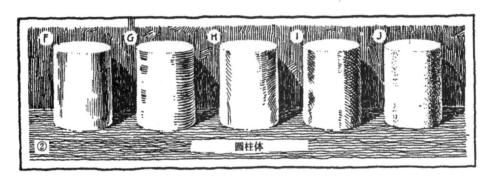

在表现圆柱体明暗调子时分别采用了垂直线、弧线、斜线、交叉线以及点状笔触。利用线与点的轻重、虚实变化，充分表现明暗交接线、反光、投影等。

球体和圆柱体的明暗表现

绘制时，也还需要考虑到光线的影响。如下图所示，同一光线角度下的球形物体的明暗表现。

同一光线角度下的球形物体的明暗表现

画陶罐、花钵等景观小品需用近似圆球体和圆柱体的表现方法，绘制时保持线条的流畅生动，既表现物体立体空间感，又刻画出各自不同的质感特征。

利用弧线和椭圆勾勒出形体轮廓，注意透视的变化

扫码，看绘制演
示和讲解

形体表面的线条铺设注意顺应形体的结构，表现出曲面感，并注意透视的变化

近似圆球体和圆柱体的表现方法示意

2.色彩

景观手绘表现中,要较真实地表现设计的空间环境必然离不开色彩的运用。因此，必须了解掌握色彩相关基础知识。

（1）色彩三要素

色彩三要素包括色相、明度、纯度。

色相指的是各种颜色之间的差别，如红、黄、蓝、绿等。

明度指的是色彩还原本色后的明暗差别。每一种色彩都有其自身的明暗的差别，例如，红色可以分为大红、浅红、深红。不同的颜色，其明度也各不相同，例如，白色与黄色的明度就比较高，而紫色的明度就相对低，介于其间的是橙与红，其明度分别相当于绿与蓝。

纯度是指颜色的饱和程度，色相图中的颜色纯度最高，最鲜明，是标准色。如果在标准色中掺进了白色，就破坏了原来的纯度，使之成为欠饱和色，掺进的白色越多其纯度也就越低。

色相、明度、纯度在具体应用时主要依据图面所需表现的实景元素的特性、氛围和图面内部的主

表现景观元素实际色相的效果图局部

次关系及层次而综合考虑。在色相的选择上要依据景物的固有色才能更好地展现设计的真实效果，如绿色的植物、木质的铺装等。

明度与纯度的选择要依据景观空间所需的场所氛围。如果景观场所氛围需要表达的是商业广场类景观，那么明度和纯度都要高一些才能烘托其商业欢闹的氛围；如果景观场所氛围是表达传统的江南水乡，那么纯度要略微降低才能使得图面氛围更为淡雅悠远。

（2）原色、间色与复色

色彩的种类繁多，在众多的颜色中，红、黄、蓝这三种颜色可以调配出其他任何的颜色，但任何其他颜色都调配不出这三种颜色，因此，这三种颜色也被称为三原色。三原色也可以用来说明色彩的基本原理。

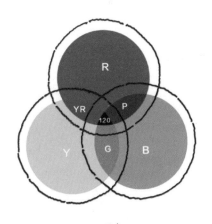

三原色

间色，即是用两种原色调配出的颜色。如红与黄调配成为橙色，红与蓝调配成为紫色，黄与蓝调配成为绿色。橙色、紫色、绿色则为间色。

复色，即是用两种间色调配出的颜色。如橙与绿调配成为黄灰，橙与紫调配成为红灰，绿与紫调配成为蓝灰，黄灰、红灰、蓝灰三种颜色即为复色。

原色、间色、复色又分别称为第一次色、第二次色、第三次色。原色的纯度最高，色彩也最为艳丽，间色其次。复色则带有更多灰的倾向。颜色调配次数越多，则成分愈加复杂，也越灰暗。

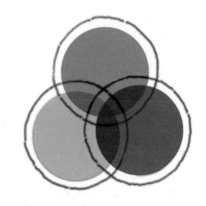

间色与复色

在实际的景观手绘表现中，三原色的调配使用一般只限于水彩和水粉。大部分情况下，为了满足手绘表现方便、快捷的需求，绘图时一般都运用配制好的成品颜色来进行涂色。

（3）色彩的冷暖、对比与调和

色彩本身并没有温度的差别，在生活中，不同的色彩之所以会给人带来不同的冷暖感受，是由于色彩和很多的自然物象有着一定的联系。如，橙色、红色能够使人联想到太阳、火光，从而给人以暖的感觉；蓝色、紫色能够使人联想到海水、夜空，从而给人以冷的感觉。这些给人冷或暖感觉的颜色分别称为冷色和暖色。但是，色彩的冷暖并非绝对，是与其他颜色相比较而言的。如紫色与红色相比较显得冷，可以理解为冷色；如果紫色与蓝色相比较它又会显得比较暖，而又成为暖色。

由于对比色之间没有共同的色彩因素，从而产生对比的效果，并使得各自的色彩格外鲜明。如黄与紫，红与绿，蓝与橙，即为三种原色中由其中两种原色调配出的间色与未经调配的原色，对比色也可以成为补色。

调和色则与对比色相反，因含有共同色彩因素，当两种颜色放在一起，在色彩上则比较接近，我们把这两种色称为调和色。如橙与黄，蓝与绿都是调和色。

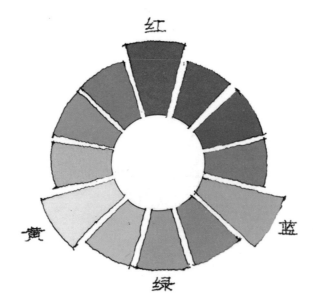

十二色轮

在实际的景观手绘表现中，一般先确定图面大的冷暖色调关系，多用调和色以确保图面的统一，对比色的使用比例要符合"万绿丛中一点红"的原则，能够起到衬托主体和均衡图面色彩关系的作用，多则乱，少则精。

红框中的景观构筑物整体为暖色调，与周围环境的蓝、绿色调形成对比

衬托主体和均衡图面色彩关系的马克笔景观表现图

（4）固有色、光源色与环境色

物体本身在正常日光下呈现的颜色称为固有色。

光源色，是指光源所具有的色彩倾向，当色光照射在物体上的时候，物体的颜色呈现出光源色的倾向。

环境色则是周围环境的色彩，它主要是通过反光的作用影响物体。

固有色、光源色、环境色，这三者是同时存在而又相互影响的。固有色是物体色彩变化的依据，光源色、环境色则是变化的条件，故又可以称为条件色。光源色主要是通过照射作用来影响物体的颜色，因而，物体的受光部分受光源色的影响较大。环境色主要是通过反光的作用来影响物体的颜色，因而，物体不受光的暗面受环境色的影响较为显著。

在实际的绘图过程中，不论光源色和环境色对于画面物体的影响如何，最终都必须要保证每一幅画都具有一种基本的色调，且根据空间氛围和主题来确定画面的基本色调。

光线方向

此红圈中的颜色为背光
部分的暗色,略带反光,
形成环境色

此红圈中的颜色
为受光部分的光
源色和固有色

手绘表现图中的固有色、光源色、环境色

3.透视

透视图是景观设计手绘图中最常用的表现方式。透视图是依据透视法则进行绘画与表现的图,其
表现原理与人眼或照相机镜头的成像原理相同。透视图能够符合视觉规律地把空间环境正确地反映到
画面上,使画面看上去真实、自然。

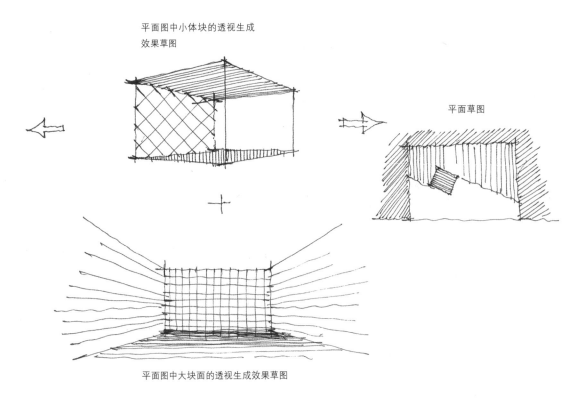

平面图中小体块的透视生成
效果草图

平面草图

平面图中大块面的透视生成效果草图

室外景观透视图例

第一步：根据前期的透视分析草图进行综合透视表现，先确定大的透视线   第二步：根据透视线细化场地内各景观元素的块面

第三步：在景观元素块面的基础上，通过不同笔触的线条排列与叠加细化景观元素，并区分主次、明暗关系

扫码，看绘制演
示和讲解

室外景观透视草图及效果图绘制过程

　　由于透视图直接影响到整体空间表现的尺寸、比例及纵深感，因此绘图者要对透视有充分的了解，并熟练地应用，用几何投影规律的科学方法较真实地反映特定的环境空间。

　　（1）透视的常见术语

画面：观测者与物体之间的垂直投影面。

视点：观测者眼睛观测物体的水平位置。

立点：观测者站立的位置。

地平面：也叫基面，指远景所在的平面，通常将设计平面作为地平面。

地平线：也叫基线，指画面与基面的交界线。

视平面：过视点的水平面，视平面与画面无论在什么情况下都相互垂直。

视平线：视平面与画面的交线，为一条水平线。

中心点：视点在画面上的正投影，该点必定落在视平线上，平行透视中为消失点。

消失点：不与视平线平行的诸条线在无穷远处集中的点，消失点还可细分为灭点、距点、余点和天点。

　　● 灭点：透视线无限延长后，汇集到视平线上的交点。与画面平行的线没有灭点。

　　● 距点：当物体与画面成45°时，其两旁的消失点与中心点的距离相等。

　　● 余点：当物体的各个面与画面成一定角度时，两旁的消失点与中心点的距离不一定，并且数目也不一样。

　　● 天点：当物体不与垂直面平行，也不与水平面平行，而呈倾斜状态时会出现的消失点。如阶梯的消失点在视平线的上方为天点，在视平线的下方为地点。

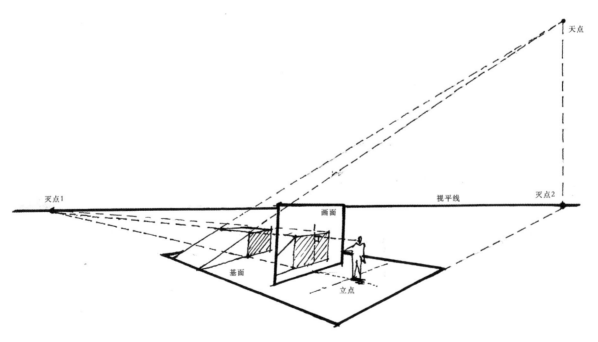

构成透视图的元素

（2）透视图的分类

若将景物看作具有长、宽、高的空间体，根据其三个方向的轮廓线与画面的位置关系（视线与轮廓线的关系），透视图可以分为一点透视、两点透视和三点透视。最常用的为一点透视和两点透视。

①一点透视

一点透视也称为平行透视，当物体有一个面与画面平行，只有一个灭点，任何进深线都会向这一点消失；而所有与地面垂直的线和水平的线均没有透视。

在景观设计手绘的一点透视表现图中，景观主体与画面平行，即景观主体的正面与画面的夹角等于零，所有水平方向的线条保持水平，所有垂直方向的线条保持垂直。

一点透视的角度较适宜表现场面宽广或纵深较大的景观，能够使景观空间呈现端庄稳重的效果，通常公共广场、住宅区入口、廊道、林荫道的设计表现多适合采用这种透视角度。

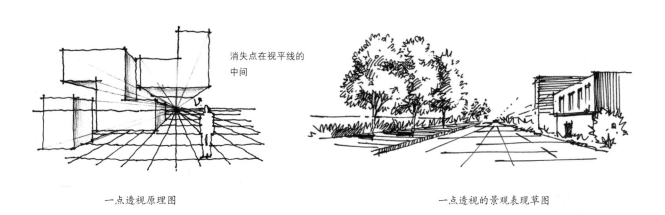

消失点在视平线的中间

一点透视原理图　　　　　　　　　　　　　　　　一点透视的景观表现草图

扫码，看该图透视表现难点

一点透视的景观表现案例图

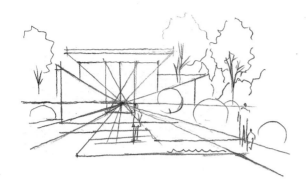

第一步：首先确定视平线的位置，找到消失点。人视角的视图中，人物的头部与视平线重合。再定出画面各个景观元素的位置和范围

第二步：细化空间中的景观元素，用相应的墨线勾画各类元素的轮廓线

扫码，看该图主体物一点透视绘制示范讲解

第三步：刻画光影，完成线稿

一点透视的景观表现图绘制范例

②两点透视

两点透视也称为成角透视，物体只有垂直线与画面平行，水平线因透视而倾斜并有两个消失点。

在景观设计手绘的两点透视表现图中，景观主体与画面呈一定的角度，每两个面中相互平行的线分别向两个方向消失，产生两个消失点。

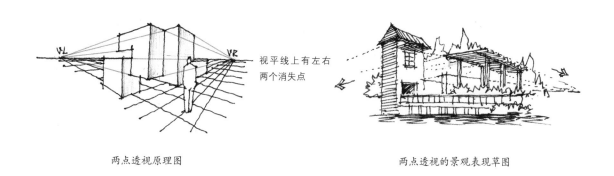

视平线上有左右
两个消失点

两点透视原理图　　　　　　　　　　两点透视的景观表现草图

扫码，看该图透
视表现难点

两点透视的景观表现案例图

两点透视的图面表达比一点透视难度略大，但画面的效果更为丰富。

利用两点透视进行空间表达需要注意角度的选择，如果角度选择不合适，容易产生变形。绘制时，角度太偏容易使一个面失真；距离太远物体太小，易模糊；距离太近物体太大，易凸。因此，绘制时要将两个消失点设置在画面适中的位置，以便得到较好的透视效果。

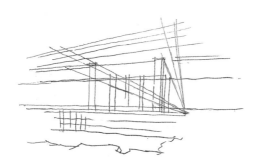

第一步：依据空间的两个消失点绘制出景观元素透视线

第二步：根据透视线细化景观元素的结构与轮廓。注意植物有近、中、远三个层次，需用不同细致程度的笔触表现

扫码，看该图主体物两点透视绘制示范讲解

第三步：根据构图及主次关系细化景观元素明暗层次，注意把握块面排线的方向

两点透视的景观表现图绘制范例

③三点透视图

三点透视是当物体倾斜于画面，没有一条边平行于画面时，三个方向的轮廓线均与画面成一定角度，分别有三个消失点所形成的透视。

当仰视或俯视景物时，因视平面与画面必须垂直，故画面与基面会呈倾斜状态，景物垂直方向的轮廓线必定有灭点，这时，若水平方向轮廓线有一组与画面平行就形成倾斜两点透视，若两组均不与画面平行就形成三点透视。

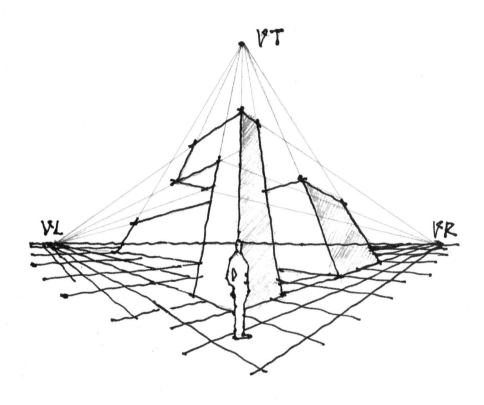

三点透视原理图

三点透视的景观表现草图

三点透视适合表现仰视或俯视的场景。仰视图也叫虫视图，一般表现高大的物体，如高层建筑；俯视图又叫鸟瞰图，通常表现大场地的环境，如城市景观设计图。硕大体量的城市、整体空间场地或强透视感的场景，如城市景观规划、景观鸟瞰图等都适宜用三点透视表现。

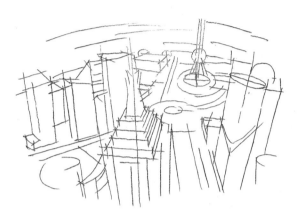

第一步：依据空间的三个消失点（左消失点、右消失点和地点）绘制出景观元素透视线

第二步：依据透视线绘制出各景观元素的轮廓，注意主次和前后遮挡关系

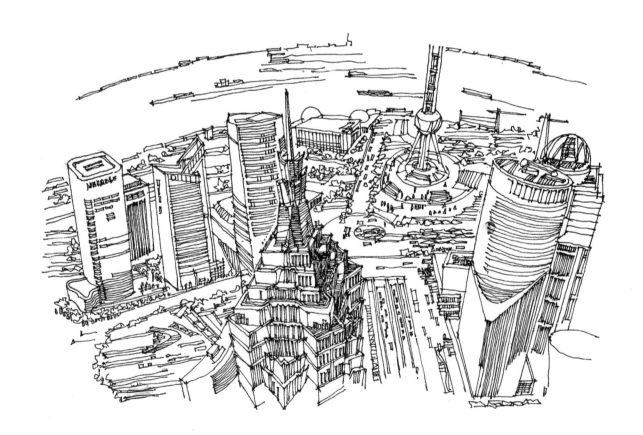

第三步：细化各景观元素，用排线的疏密变化表现建筑体块的明暗关系

三点透视的景观表现图绘制范例

（3）绘制透视图的步骤

第一步：根据设计的重点确定视平线、视点。在景观设计手绘表现中，视平线一般定在与人的视平线相等或略低的位置

第二步：画出透视物的大体轮廓，确定消失点。在具体手绘表现时，表现空间场景要从大局入手，明确大致的消失点，再根据物体的结构造型绘制几条轻一点的透视线。以景观构筑物的高度为标准，借正方形的比例来判断构筑物正、侧两面的透视长度

第三步：调整画面的构图形式，确定画面的前景、中景、远景，以及景观空间中各要素的透视和位置关系

第四步：根据画面的中心位置开始逐步刻画。深入时需要注意画面的整体关系、空间感以及线条的虚实。最后再从整体效果上调整画面的空间关系，完善人物配景，丰富画面

透视图绘制分步骤范例

（4）圆形及圆柱体的透视

①圆形的透视

在景观手绘表现中会遇到圆形的透视问题，如表现景观灯柱、拱券、拱廊、花池等。通常在绘制圆形透视的时候多用以方求圆的办法来解决。一般在圆的外边作一外切的正方形，求出正方形的透视，从而圆的透视也就比较容易确定。因此，圆的外切正方形线应当消失于一点，如果不消失于一点，就说明圆的透视中的椭圆宽窄不恰当，应当予以调整。

虽然圆形的透视都是椭圆，但是随着观察角度的变化，呈现的最终形态是不一样的，有时候接近圆形，有时候近于一条直线。

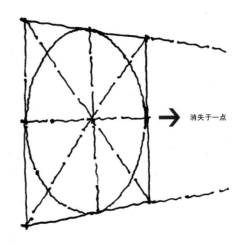

消失于一点

用外切正方形来确定和检查圆形的透视

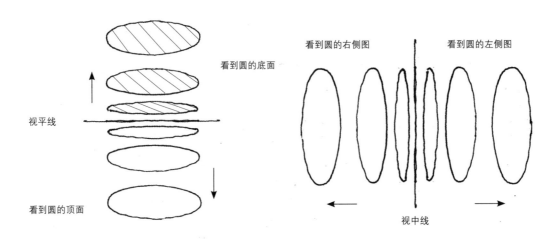

看到圆的底面

视平线

看到圆的顶面

看到圆的右侧图   看到圆的左侧图

视中线

圆的平面与画面成不同角度时，在视平线上、下会产生不同的透视变化。

扫码，看圆的透视讲解

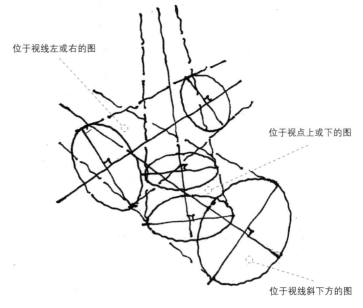

位于视线左或右的图

位于视点上或下的图

位于视线斜下方的图

不同角度图形的透视变化

②圆柱体的透视

圆柱体两个边的外轮廓线是相互平行的，透视感很强。只有严格遵守透视规律，充分考虑到圆的透视变形，才能把圆柱体的透视画准确。

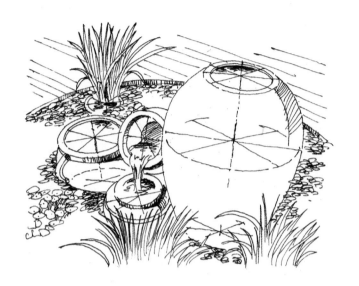

圆柱体的透视应用

（5）透视的一般性规律

在景观设计手绘表现过程中，设计者还必须要熟练掌握透视的一般性规律，这对于提高手绘速度和验证透视关系具有一定的帮助。透视具有消失感、距离感，相同大小的物体会呈现有规律的变化，体现一定的透视规律：

● 随着距离画面远近的变化，相同的体积、面积、高度和间距呈现近大远小、近高远低、近宽远窄和近疏远密的特点；

● 与画面平行的直线在透视图中仍然与画面平行；

● 与画面相交的直线有消失感，这类线在透视图中会趋向于一点。

三、景观手绘表现图的构图知识

当表现一个景观空间的中心广场时，确定好主题后，就要从构图的角度去进行画面的布局，其中涉及表现的角度、横向或竖向构图的选用、表现景观元素的多少、空间主体在画面中的具体位置等。

1.横构图和竖构图

如根据画面的容量来推敲主体的大小比例，如果主体构筑物过大，会给人拥挤局促的感觉；主体构筑物过小，会使得画面显得空旷而不紧凑。

景观设计手绘图常采用横构图的方式进行表现，当然，绘图者也可根据实际要表现的内容来确定具体的构图形式。如以下两幅图，对同样角度的景观分别用竖构图和横构图进行表现，效果截然不同。

竖构图

横构图

同样角度的内容，分别用横构图和竖构图进行表现，突出不同的主体

（1）横构图的特点

横构图画面比较舒展，适合表现较大的或舒缓的场景，如大草坪、湖面等。横构图有利于表现场地的运动趋势，展现场地的起伏变化、高低错落。横构图具体还可以细分为古典式构图和对角式构图。

①古典式构图

古典式构图是最常用也最易掌握的表现景观空间环境的构图方法。其平行的空间结构有助于形成一种纵深的空间秩序，从而将画面清楚地分为近景、中景和远景。画面的深度随着空间层次的引入而逐渐加强。

采用古典式构图时，画面布局从近景开始，近景确定后，便会形成一个个的后退面，均与近景中界限分明的地平面平行。较低的近景布局，可以把目光向下拉入画面，是画面底部的一个很重要的地平面。画面两侧布局的景观元素，称为侧面布景，如树木，一般用以烘托近景。空出的画面中心多用来表现景观主体。

古典式构图示意

②对角式构图

对角式构图使用得当，会形成一种强有力的画面感。画面中的对角线可以用假想的线条来暗示，也可借助植物丛或景观构筑物加以强化。对角线能够引导目光向上或向下观察画面，并将视线引入画面的深处。对角式构图也可以与其他形式相互结合运用。

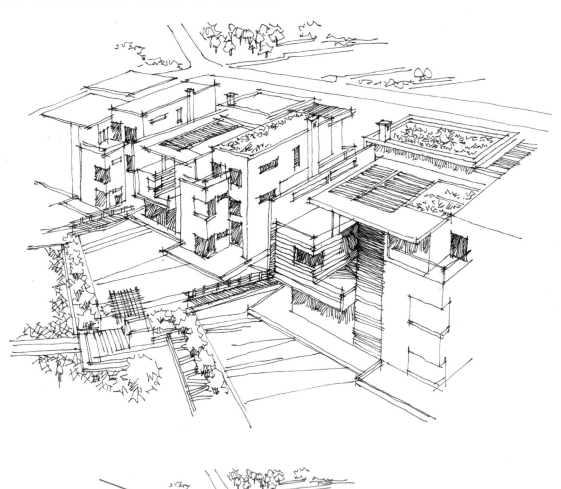

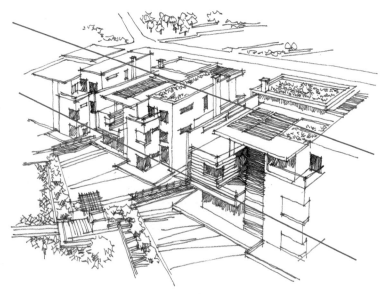

对角式构图示意

（2）竖构图的特点

竖构图具有庄严感，一般适合表现高耸、深远的场景,或用以表现景观空间中的某种重要构筑物，如树木、景观建筑等高大的垂直物体。在竖构图的上、下方安排一些呈对角线分布的物体就会给画面带来高亢、飞升的视觉感受。竖构图具体还可以细分为轴向构图和三角构图。

①轴向构图

与古典式构图的水平状态相对的是轴向构图。画面的中心处是竖轴,与竖轴平行的是一系列的垂面,这些垂面的有力重复会形成一种秩序感和韵律感。竖轴将景物分为相等的两部分时，也可以用来营造均衡感和对称感。

轴向构图示意

②三角构图

三角构图的基础是一个强有力的中心轴和一个角锥。三角构图往往会给人以稳定和崇高的感觉。有时，三角构图也会被组合成一个重复的序列，或被用做大幅构图的中心图形，以引导目光特定方向移动。

三角构图示意

2.构图中的景物布局

一幅好的景观手绘表现图，既要考虑画面的统一性，又要突出主体，并适当地表现出天空、地面、树木、绿化、水体等景观元素的效果。

（1）布局主景时的注意事项

● 景观主体一般布局在画面的中心或靠近中心的位置。

● 对于较小的主体可有意识地加强形态对比，并且可把景观主体周围的场景适当弱化以衬托主体。

● 对主体景物进行描绘时，其线条、细节处理、色彩都要尽可能鲜明突出。

（2）布局配景时的注意事项

配景的表现也会影响到画面的整体构图，通常处理配景时需要考虑到以下几点。

● 尽可能创造一种真实的环境气氛，使得景观空间内的各要素和谐、协调。

● 按照以深托浅和以浅衬深的原则，通过树、灌木等自然物的配置突出景观主体构筑物。

● 景观空间配景涉及的内容较多，如云、水、树、山、石、草地、路面、人物、车辆等都可以用来作为配景丰富画面，但具体到一张图上，种类不可太多，要根据画面效果搭配不同的配景，以突出画面的氛围为目的。

● 配景处理时也要注意主次，突出主体又不喧宾夺主，有些时候配景只是一个轮廓的剪影就够了。配景的轮廓线还应该富有变化，既避免与景观主体构筑物的外轮廓线雷同，也有助于丰富画面的层次。

● 在布局配景时，要考虑到整个画面的平衡，如一般主体物大体上都呈现出近大远小，画面的两端已经不完全平衡了，在这种情况下，如果再在主体物近端的一侧布局大树，则会使画面两端的轻重更加悬殊，从而失去平衡。

3.明暗构图的方法

在景观表现图中，明暗构图也可以理解为在图幅范围内明暗的比例关系，也叫"灰度"。若画面中的物体的颜色浅或灰度浅，则称其为亮色调；若颜色深或灰度深，则称为暗色调。

明暗块面的塑造

在手绘图表现中，首先需要从分析明暗关系入手，表现出从白、淡灰、中灰、深灰到黑的多种色阶。

（1）几种明暗块面的塑造方法

明暗构图对于画面重点的形成、气氛的表现等具有重要的作用。以不同的明暗布局描绘同一景物或同一角度，会产生截然不同的效果。右图是用三种不同对比度的明暗构图来表现同一景观，可以看出画面形成的最终效果各不相同。

高对比度的明暗构图，甚至将近景的明暗细节省去，画面亮度高、简洁

中对比度的明暗构图，刻画近景的细节，构筑物上适当添加明暗排线，画面亮度柔和

以不同的明暗布局描绘同一景物

继续加深主体物与环境的暗色，增加暗部排线，画面亮度降低，物体的分量感十足

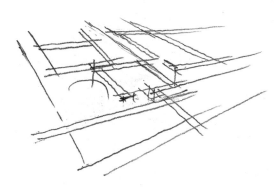

先构建画面的空间关系，确定透视线的交汇方向。

再勾画元素的外轮廓，完成画面的基本形。

植物作为暗的明暗层次，构筑物作为亮的明暗层次

植物作为亮的明暗层次，构筑物作为暗的明暗层次

同一景观角度，采用不同的明暗层次表现，会形成不同的图面效果

（2）明暗构图对效果图的影响

在景观手绘表现图中，常以加强或减弱明暗对比的方法来突出画面中的重要部分，构成画面的趣味中心。

用加强某一局部黑白对比的手法描绘同一题材，可出现不同的趣味中心，如下三幅画虽然表现的是同一幢房子，但由于明暗处理不同，画面的趣味中心也不在同一位置。

从明暗布局效果来看，①、③两图重点偏于一侧，与另一侧拉开空间距离，因而主次关系明确，趣味中心分别在左、右两侧。②图则更突显了建筑物的整体气势和大门入口的细节，趣味中心在中部大门入口处一带。

用黑白对比的方法体现趣味中心（周清源 绘制）

趣味中心在上面   趣味中心在下面

同一个街道景观，由于画面所强调的明暗对比部分不同，因而效果迥异

（3）常见的几种明暗构图法

　　合理运用明暗构图法能使景观手绘图对比强烈、效果响亮，同一景观可作多种明暗处理，以形成不同的图面效果。

用轮廓线的方法表现全部受光的建筑

全部用暗色的植物衬托建筑

局部用暗色衬托

一面用阴影，另一面用暗色衬托

一部分加阴影，另一部分用轮廓表现

右侧加上暗色，与左侧呼应表现

常见的几种明暗构图法

4.色彩构图的方法

（1）色彩主调

色彩主调是图面的总体色调，能够凸显基本的色彩氛围，使得画面统一。因此在画面中，主调选定后，其他色块的选用都要遵循主调的限定范围。主调的表现主要受到三个方面的影响，即色相、明度、纯度。就色相而言，总体可分为暖色调和冷色调，暖色调在色相上偏红、橙、黄等，冷色调在色相上偏蓝、紫、绿等；就明度而言，有明调、暗调、灰调等差别；就纯度而言，也有高纯度色调、中间色调、灰暗色调之分。表现时要根据不同的场景氛围选用不同的主调。

冷色主调的效果图

暖色主调的效果图

（2）色彩构成

在色彩主调的控制下，选取两个有适当色距的色块作为一对基本对比色，并加以重复构成，称为"两色构成"，这也是色彩构图的核心。

两色构成示意图

在两色构成中加入一个中性色块，就形成了"三色构成"，中心色块的加入可以使画面更加丰富并易于形成色彩的过渡。

扫码，看两色
与三色构成绘
制示范

三色构成示意图

在手绘表现时，色彩的选用远超过三色，为了图面层次丰富且和谐统一，可以将三色构成中的三色进一步细分，并使每一次分解后的各色都成为同类色。在此色彩构成基础上进行色彩表现时，就能得到多变又统一的图面效果。

一般在较大的构图中，可能会出现两组、三组或四组"三色"相互交替的排列铺设，成为整幅色彩的构图。

细分同类色的效果图

（3）色彩中心

图面中的色彩中心通常是通过对比显现的，如与主调形成对比的较小的色块，就易成为色彩中心。暖色会成为冷色主调的色彩中心，冷色也可以是暖色主调的色彩中心。在一幅图面中，色彩中心可以是一个，也可以是两个或三个，可称为第一色彩中心、第二色彩中心……在实际应用中，可以选用色彩中心的同类色与色彩中心的颜色相呼应，形成重复与节奏，通过色相、明度、纯度的差异形成丰富的色彩层次。

色彩中心的表现示意

5.画面的空间层次

在景观设计手绘表现中，需要反映出空间的前后层次关系，即近景、中景、远景，从而形成具有深度感和距离感的图面。

近景，即处在画面的最前端，最靠近观察者的景致。前景在一定程度上起到"画框"的作用，因为它在画面中的作用一是拉开空间距，二是衬托中景，因此，通常要求比较概括地表现其形态，不宜具体，但在色调上应与主体景观拉开差距。需注意，前景的表现在明暗、细部和色彩的处理上不要喧宾夺主。

中景，在画幅空间中处于中等距离的景致，通常也是画面的主景。中景部分一般是画面的主体，是主要表现的部分，要着重刻画，明暗对比强烈，细节刻画细腻、质感清晰，重点部分要强调色彩、线条的对比。此外，中景作为前景和远景的过渡，也要注意到画面的整体统一。

远景，也称为背景，是处在空间中最远处的景致。一般只需用轮廓线和暗调子来画背景，不强调明暗，不进行细部的刻画，色彩不宜鲜亮。远景起衬托和突出主体的作用，使画面舒展、深远，但表现远景也需刻画其形态特征，如山脉、树木的外轮廓也要稍作交代。

此外，在手绘表现时，要尽可能选择层次较为丰富的角度，透视图中的前景、中景、远景三部分，要用不同的明度进行对比区分，进一步加强景观的空间层次，突出画面主体。

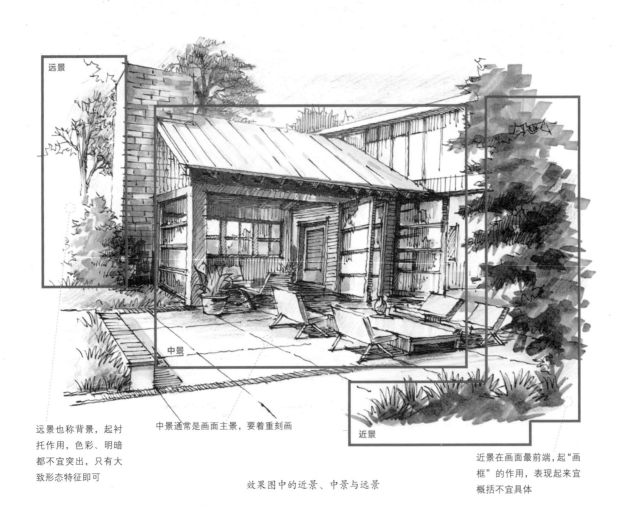

远景也称背景，起衬托作用，色彩、明暗都不宜突出，只有大致形态特征即可

中景通常是画面主景，要着重刻画

近景在画面最前端，起"画框"的作用，表现起来宜概括不宜具体

效果图中的近景、中景与远景

3rd
CHAPTER

马克笔景观表现图的

绘图方法

一、马克笔的用笔

马克笔是景观设计手绘表现最常用的工具，因此，绘图者对于其性能和表现技巧需要重点学习掌握。马克笔笔触的排列与组合是学习马克笔手绘表现首要解决的问题。

一支标准的马克笔笔头通常有呈梯形的三个面，因此能画出普通线、粗线和特粗线三种线型。绘图时，通过变换笔头的各个工作面或改变用笔的力度和行笔速度，就能够得到各种不同的线型。为了丰富表现效果，可运用不同的笔触将马克笔的颜色进行叠加和形成渐变，同时还可以将马克笔与彩铅等其他表现工具结合使用，能生动准确地表现物体和景观的不同效果。

1.用笔方法

马克笔手绘的景观表现图有独特的效果，其绘制时的用笔也有独特的规律，常用的用笔方法有排笔、叠笔、线条、点笔、擦笔等。

（1）排笔

按照一定的方向，规则有序地运笔，笔触与笔触间尽可能不要交错，均匀排列。一般适用于大面积的平涂。

扫码，看马克笔排笔、叠笔、线条、点笔、擦笔用笔示范

排笔

（2）叠笔

在排笔的基础上，进行笔触的叠加，笔触与笔触之间有交错，一般运用于不同色彩的层次叠加。

叠笔

（3）线条

线条可表现流畅、迟缓、柔和、刚劲等感觉。

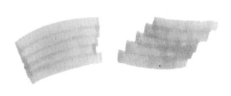

线条

（4）点笔

点状形态的笔触，可以是面积较大的点笔，也可以是细碎的小点笔，或者是构图收尾的点状之笔。

点笔

（5）擦笔

指用马克笔快速连续地来回擦出一个面。这种画法可使画面质感过渡较为柔和、干净。

擦笔

2.用笔要点

（1）用笔均匀、快速、连续，力度一致

绘制直线时要注意力度的把握，注意起笔与收笔，运笔时应用手臂带动手腕，才能保证线条有力度。必要时可用直尺辅助排线。

线条要有力度

扫码，看用笔要点（1）~（7）视频解析

（2）大面积排线

大面积上色时，用粗的笔头尽量快速运笔，且要一笔接一笔地排线。主要边界线要用马克笔重绘强调，用笔要快速，防止在色块填满前颜色就干透。同时，应尽量让手臂移动的速度保持不变。

用笔要快速

（3）笔触排列

画面中笔触的走向应该统一，注意笔触间的排列和秩序，以体现马克笔笔触的美感，不可画得零乱无序。

笔触要有秩序感

（4）"笔随形走"

上色时，笔触形态要根据形体结构、动态的不同进行相应变化，以表现出形体的体积感。

笔触要随形态结构走

（5）画面留白

块面上色时，需注意不能涂得太满，否则会呆板、生硬，要适当地作留白处理。

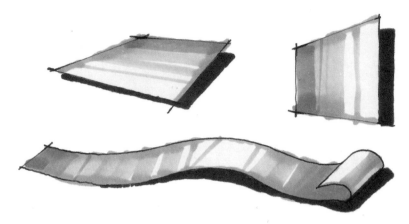

适当的作留白处理

（6）色彩渐变

对于色彩块面较大的图形，不宜采用平涂的方式，以避免画面呆板，最好保留用笔的轨迹，可采用从密集到稀疏、从深色到浅色的渐变方式。

渐变色最好保留用笔的轨迹

（7）充分运用笔的特性

较新的马克笔出水均匀，绘制出的色彩饱满；而略旧的马克笔较干涩，适合小块面涂色。半干的马克笔易形成枯笔效果，适合表现肌理的质感，可绘制树枝、木纹、草皮覆盖的墙面以及粗糙的拉毛墙等。

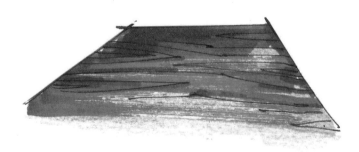

半干的马克笔可以表现特定的质感

二、马克笔的线条

马克笔有各种粗细不同的笔头，加上行笔时用力的轻重变化，可以绘制出不同感觉的线条。根据具体绘制技法的不同，马克笔的笔触会形成多种不同的线型。

1.直线

马克笔一般两端都有笔头，一端为宽笔头，另一端为细圆笔头。大面积上色时多用宽笔头，在用宽笔头绘制时，用笔头的正面和侧立面会形成宽窄不同的直线。

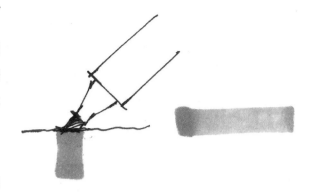

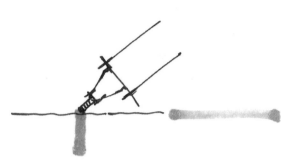

宽直线是最常用的马克笔线条，用马克笔的宽笔头正面绘制而成。绘制时，应把笔头完全压在纸面上，快速果断地画出。笔头不要在纸面上长时间停留，否则随着颜料的晕开，画面上会出现斑点。

细直线，是将马克笔的宽笔头侧立，即用笔尖绘制出线条。细线多用于画面色彩的过渡层次，但每层颜色的过渡线不用太多，一两根即可，过多易显乱。

在实际的手绘表现中，马克笔宽、细不同的直线结合笔触的排列组合能够达到不同的表现效果。如宽窄长短相同，排列整齐的组合；直线排列从粗到细，从紧到松的组合；直线随意自然的组合等。

宽笔头正面绘制宽直线，宽笔头侧面或细笔头绘制细直线

扫码，跟随视频讲解学马克笔直线的绘制及应用

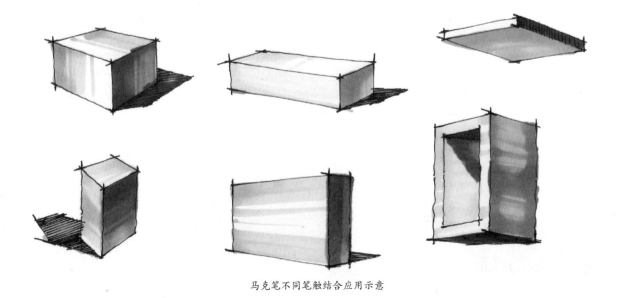

马克笔不同笔触结合应用示意

2.扫笔线

扫笔的要点是"重起轻收"，在运笔的同时，快速地抬起笔，通过笔触使得线条本身产生虚实和明暗的变化。扫笔线一般多用于地面边缘或者需要柔和过渡的地方。需要注意的是，扫笔技法多适用于浅颜色，重色扫笔时，尾部笔触虚和淡的效果较难表现。

扫码，看视频学
扫笔绘制技法

扫笔要"重起轻收"，抬笔要迅速

3.斜推线

斜推线主要用于处理呈四边形状态的景物，常用于表现透视结构明显的平面，如户外地板、亭廊顶面等，通过调整笔头的斜度画出不同的角度和斜度，线条笔触的排摆应与物体的透视方向保持一致。斜推线也可表现景墙等竖向立面的质感，或结合其他方向的笔触一同使用，使画面更加生动。

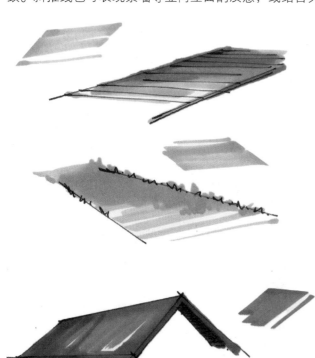

扫码，看视频
学斜推线的绘
制技法

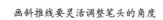

画斜推线要灵活调整笔头的角度

4.自由线

　　用马克笔手绘线条时，也可以随着物体结构进行小笔触变化，形成多种自由线条，如用于表现圆弧形物体的弧线等。

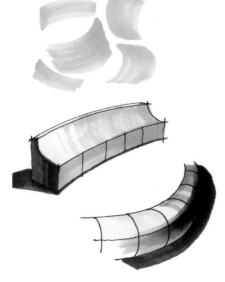

扫码，看视频学自由线的绘制技法

自由线随物体结构灵活运笔

　　上述的各种笔触线型按照横、竖不同方向的排摆也会形成不同的表达效果。线条横向排列常用于表现地面、构筑物顶面等水平面，物体的垂直面也可用横向线条排列上色。竖向线条常用于表现石材地面，以及水面、玻璃等水平面的反光、倒影。

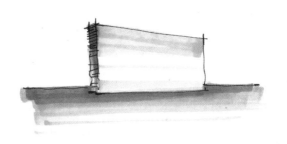

扫码，看视频学横向与竖向线型的用法

横向线形的应用

竖向线形的应用

5.线的综合运用

在用马克笔表现景观植物时可综合运用多种笔触。上色时要放松，按照植物结构关系排布笔触，使色彩更加生动自然。

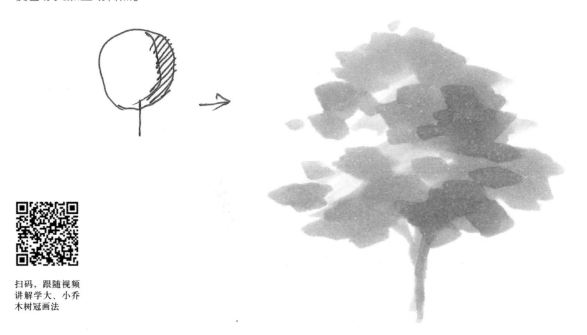

扫码，跟随视频
讲解学大、小乔
木树冠画法

小乔木，由于叶片很少，上色时要特别注意笔触变化，通过马克笔的宽窄面变化、运笔的方向和速度，产生活泼生动的效果

大乔木树冠面积较大，尽可能去表现植物的形体及色彩特征，不必细致地刻画

小乔木、大乔木树冠表现示意图

三、马克笔线条的叠加

　　同一支马克笔的线条叠加后会出现2~3种深浅颜色，但是在同一个地方也尽量不要叠加3层以上的马克笔，否则画面会容易显得脏、腻。

　　1.单色叠加

　　同一种色的马克笔进行重复叠加涂绘，次数越多，颜色会越深。需要注意，过多重叠容易损伤纸面，并使色彩变得灰暗和浑浊。

　　2.多色叠加

　　不同颜色的马克笔相互叠加，可产生新的色彩，但叠加的颜色不宜过多，否则会导致色彩沉闷呆滞。马克笔的色彩叠加有两种基本形式，即同色系叠加和不同色系叠加。

扫码，学单色叠加技法

单色叠加

　　（1）同色系叠加

　　同色系叠加会形成由浅到深的渐变效果。

　　绘制受光物体亮面色彩时，可选同类色中较浅的颜色，并在物体受光的边缘留白，然后再用稍重一点的同类色叠加在一部分浅色上，这样，物体的同一个受光面会出现三个层次。

　　绘制时用笔要有规律，同一个方向的笔触基本成平行状态排列。物体的背光面，用稍微有对比的

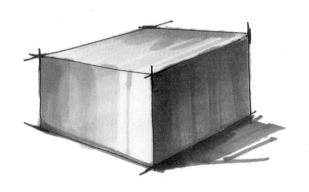

同色系叠加

扫码，学同色系叠加技法

同类深色绘制。物体的明暗交界线处，可用同类的深色重复叠加几笔。物体的投影可根据投影面的颜色，选择其同类的深色画出。

（2）不同色系叠加

不同色系的颜色相互叠加时，会形成较为丰富的色彩效果，在叠加前要选择适当的色彩进行搭配，以避免色彩之间产生不协调感。

扫码，学不同色
系叠加画法

不同色系叠加，表现不同的明度、纯度效果

作图时，可选择渐变的色彩，但需注意不同色系间的色彩关系。不同颜色的马克笔反复叠加会使色彩灰暗浑浊，特别是对比色一般不能叠加使用。

四、线稿与马克笔上色

1.注意事项

● 在景观设计手绘表现中，一般都先是绘制好线稿，再用马克笔由浅到深地上色。精准的线稿是马克笔上色的基础，更可弥补马克笔在铺色时较难限定形状位置和边缘含糊的缺点。

● 上色前，可先将要使用到的马克笔按冷暖色排好位置，以方便取用。

● 在上色过程中要综合考虑：主色调的控制、明暗色彩的统一、点缀色的选择、中度灰的衬托关系、画面留白和高光等。

● 具体上色时需注意要将色彩定准，尽量一次画完，上色步骤应遵循"先浅后深""先远后近""先里后外""先大面后细部"的原则。

2.一般步骤

第一步，根据透视原理，确定大的透视线，勾勒景物大体轮廓。

第二步，用铅笔或钢笔细化底稿轮廓线。

第三步，通过排线等方式进一步细化景观元素的阴影层次，完成线稿。

第四步，从画面的大关系着手，开始铺设基本的色调。

● 可先用淡灰色系概括地铺设出景观场地中构筑物或建筑的大块面；

● 用黄、绿色系铺设景观场地中各种植物的大块面，场景空间中的植物一般被分为近、中、远三个层次，越远的层次色彩越淡越冷，色彩对比弱，近处层次的色彩对比或弱，或较深或较亮；

● 用灰色系画出地面，注意表现出地面的远近关系；

● 表现水面、玻璃，可用淡蓝色画出亮部，用湖蓝色、深蓝色画出暗部；

● 最后，铺设出人物、车辆、天空、云彩等。

第五步，在画面大体上色完成后，进入细节调整阶段，对于图面中主要和次要边线的轮廓及色彩加以强化或弱化。

● 深入刻画主体形象，对于形象不够丰满之处，可用勾线笔随时添加；

● 用深色加重景观空间中的重点部分的暗部与阴影，注意重色不宜铺设过深，且应画出反光；

● 加强画面中的细节刻画，以丰富画面；

● 色彩调整需要注意色彩冷暖组群关系和色彩秩序，形象要主题突出，画面中心区、衬托部分和背景空间层次要明确。

第六步，最后收尾阶段，主要使用马克笔、勾线笔、涂改液等工具处理画面。涂改液可用于表现高光和白线，重色马克笔用于强化主体结构线，使画面达到理想状态。

3.马克笔上色步骤范例

（1）范例一

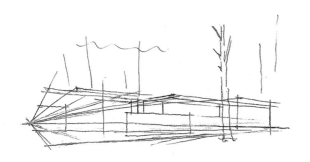

第一步：按照两点透视的空间关系布局，确定透视线，勾勒底稿轮廓线，要注意近景树的树干与后面景观建筑的遮挡关系

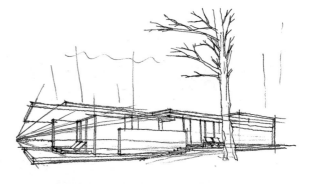

第二步：根据底稿轮廓线细化各景观元素体块轮廓，细节的轮廓线要和整体的透视关系协调一致

第三步：深入细化各景观元素，铺设阴影，区分层次块面

第四步：根据主次关系，通过排线叠加的方式细化图面的阴影层次，完成线稿

扫码，看马克笔
上色步骤

第五步：用淡灰色概括地铺设出景观构筑物的大块面颜色；用黄、绿色系铺设景观场地中各种植物的大块面颜色，近景处的草
坪再铺设一层绿色彩铅，通过彩铅笔触的排线区分画面的层次

第六步：细化各景观元素的色彩层次，利用深色铺设暗部色彩以增强体积感；用淡蓝色画出落地玻璃的亮面，用深蓝色画出暗部；
用亮棕色铺设户外地板，最后用淡蓝色铺设出天空背景

（2）范例二

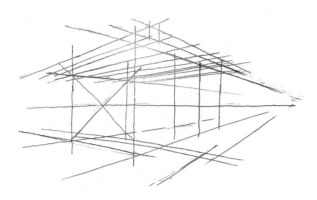

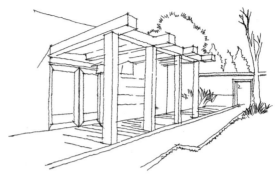

第一步：按照两点透视原理，确定透视线，勾勒底稿轮廓线 　　第二步：根据底稿轮廓线细化各景观元素的体块轮廓

第三步：深入细化各景观元素，用线条铺设阴影，区分层次块面

第四步：给景观主体廊架铺设棕色，并通过单色叠加的方式区分大体的
明暗关系

第五步：铺设空间入口大门深棕色门框和蓝色玻璃，并用黄、绿色系
铺设景观场地中各种植物的大块面

第六步：利用深色加深景观主体阴影部分，强化主体要素；在绿植的暗部叠加深绿
色，丰富阴影层次；最后铺设天空背景

（3）范例三

第一步：绘制线稿

第二步：给景观主体铺色，用深棕色、浅棕色铺设出景观亭的块面关系，注意明暗关系的区分；再分别用深、浅蓝色铺设水体

第三步：用黄、绿色系铺设绿植的大块面，需注意远景绿植颜色饱和度要低一些，近景的绿植饱和度高一些，以此拉开图面的层次

第四步：细化近景的绿植色彩，形成框景效果，最后铺设天空背景

（4）范例四

第一步：按照一点透视的空间关系，用铅笔确定透视线，勾勒底稿轮　第二步：根据底稿轮廓线细化各景观元素的体块轮廓
廓线

第三步：深入细化各景观元素，根据主次关系，通过排线叠加铺设阴影，区分层次块面

第四步：用棕色铺设景观廊道，注意通过单色叠加区分大致的明暗关系

第五步：用黄、绿色系铺设绿植，淡蓝色铺设水体

第六步：细化、补充图面色彩，注意近处的建筑物外立面和绿植用淡色铺设

五、马克笔与彩铅组合

马克笔与彩铅结合使用可以丰富色彩，增加细部，加强物体质感。

绘制景观表现图时，可在作画的后期针对马克笔色彩表现不足时，用彩铅局部铺设一些色调，作为马克笔色彩的"调味"与渐变；抑或用于高光和颜色边界的修整，以协调画面。

1.使用要点

马克笔与彩铅组合表现时，需注意以下几点。

● 选用彩色铅笔的颜色要与已铺设的马克笔的颜色相协调，以保证画面效果的协调一致；

● 用马克笔铺设大面，笔触尽量不要重叠，然后用彩色铅笔与马克笔的窄面深入刻画景观场地的细部；

● 对景观空间主体构筑物进行刻画时，一般用马克笔先画出物体的暗部，可留些空隙，然后用彩色铅笔画过渡色调，能使物体的体积感更加丰富，在绘制中要注意用笔的轻重与虚实，运笔要流畅生动，不要反复涂抹与修改，防止将底层的颜色盖掉；

● 对景观空间的一系列配景进行刻画时，天空可用彩铅涂绘；树冠与树丛可用马克笔铺设；人物配景可用马克笔点色块的方式铺色；车辆及其他辅助设施均可以运用马克笔和彩铅组合的方式绘制；

● 在整个画面基本完成之后，综合画面整体效果，可用彩铅绘制细部，调整色块的颜色、纹理。白色的彩铅可用来表现画面高光部分。

2.马克笔与彩铅组合上色步骤范例

（1）范例一

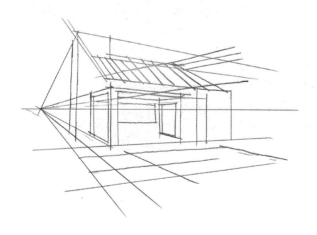

第一步：按照两点透视原理确定透视线，用铅笔勾勒底稿大致轮廓　　　　第二步：根据底稿轮廓线细化各景观元素体块轮廓

第三步：深入细化各景观元素，根据主次关系，通过排线叠加的方式铺设阴影，区分层次块面

第四步：用浅灰色马克笔铺设墙体，黄色马克笔铺设景观木屋。注意通过单色叠加的方式区分大致的明暗关系

第五步：用粉色和黄色彩铅铺设户外家具，浅绿色马克笔叠加绿色彩铅铺设远景绿植

第六步：细化、补充图面色彩。用黄、绿色系马克笔大块面铺设远景和近景处绿植，然后再叠加彩
铅笔触以丰富图面层次，最后用蓝色彩铅铺色天空背景

（2）范例二

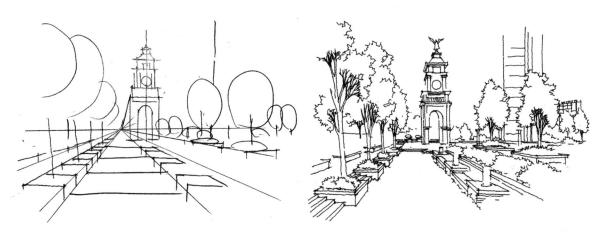

第一步：按照一点透视原理确定透视线，勾勒底稿轮廓线　　　　第二步：根据底稿轮廓线细化各景观元素，树的比例和尺度要符合透
视线的规律

第三步：深入细化各景观元素，根据主次关系，通过排线叠加铺设阴影，区分层次块面

第四步： 用浅黄色马克笔给景观钟楼铺设色块；用黄、绿色马克笔铺设主景区的绿植，然后在草坪上再叠加一层绿色彩铅

第五步：用马克笔继续深入主景区绿植，灌木分别用紫色和绿色彩铅排线来铺色灌木

第六步：细化、补充图面色彩。远景绿植用深绿和浅绿的彩铅进行排线铺色，最后用蓝色彩铅铺天空背景色，注意，为了表现云层的质感，在局部可重复叠加彩铅，形成深浅过渡的效果

（3）范例三

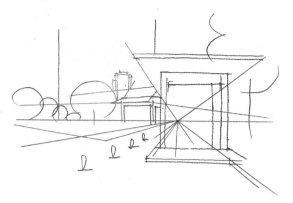

第一步：确定透视线，图中构筑物存在角度差异，注意采用不同
的消失点和透视线构建物体轮廓

第二步：根据底稿轮廓线细化各景观元素体块轮廓

第三步：深入细化各景观元素，根据主次关系，通过排线叠加铺设阴影，区分层次块面

第四步：主体景观亭用浅黄色和棕色马克笔铺色

第五步：用黄、绿色马克笔铺设中景和近景区的绿植；远景区的绿植用
黄、绿色彩铅进行铺色；用蓝色马克笔铺设近处的水体

第六步：继续用马克笔和彩铅细化、补充图面色彩。作为远景的建筑，其外立面用灰色彩铅排线铺设，阴影部分用深灰色马克笔点缀；用深蓝
色马克笔对水体的阴影部分进行叠加；最后用蓝色彩铅铺天空背景色

六、马克笔表现要点

1.单体表现

（1）表现要点

光影是马克笔表现的重要对象，物体在光色及环境色的影响下会呈现出丰富的色彩感。因此，刻画单体时需要把握高光、亮面、明暗交界线、暗面和投影的表现。具体表现一个物体时，可用同一色系进行铺色，主要表现物体的明暗关系，以取得物体的体积感。大多数马克笔颜色不少于10个灰度，对于光影效果的表现相对容易。

具体表现时需注意以下表现要点。

● 绘制前，首先确定最亮、最暗两个大面，以帮助上色和表现明暗调子时判定范围。

● 根据画面的整体色调选择对应的冷、暖灰色。暖色调的画面，其暗部和投影选用暖灰色系；冷色调的画面，则要选择冷灰色系。

● 在表现景观主体时，至少要有个明暗调子，即亮面、明暗交界线、暗面及投影。简化表现时，可用亮面、暗面和投影三个调子。当表现背景及次要物体时，可用两个调子，即亮面，以及暗面与投影合一。

● 铺受光物体的亮面时，可先选用同类色中稍浅一点的颜色上色。在物体受光边缘处留白，然后再用同类色中稍微重一点的色彩叠加在一部分浅色区域上，使物体同一个受光面出现三个层次。

● 物体的背光处，可用同类深色画，物体的明暗交界线处也可用同类深色叠加几笔。

● 铺投影颜色时，可根据物体暗面的颜色，选择同类的深色画，应注意表现反光。将大块投影的边缘加深，强调投影的位置。

● 注意手绘表现图中物体各个表面的光线变化，从一边到另外一边，明暗调子逐步减弱或加强，另外，在绘制时也可先预留白色的高光。

（2）景观空间单体的表现范例

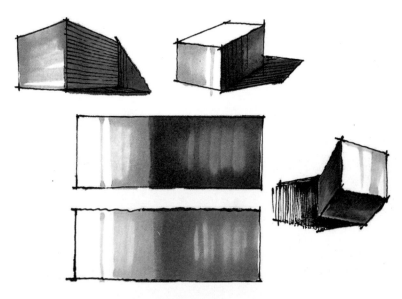

单体的明暗表达

2.色彩表现

马克笔色彩丰富，颜色从深到浅、从纯到灰，至少有一百多种。由于多数马克笔颜色的透明度比较高，相互叠加后会产生更为丰富的色彩效果，因此，在手绘表现铺色时，需注意以下表现要点。

● 马克笔上色时要由浅至深。注意用笔应干脆、利索，轻重自如。

● 画面上色要有明暗、虚实对比。铺色不要太满，适度留白。特别是形体之间的用色，要注意分清主次、过渡，局部配合灵活的笔触，以避免色彩的呆板沉闷。

● 上色时，要有整体色调的概念，尽可能用较少的颜色画出丰富的效果。

● 色彩的选用与表现要根据画面的内容和结构来决定。当画面结构较为简单、平整面较大、投影关系单一时，色彩的选用可较为丰富，对比鲜明。若画面中景观构筑物立体结构变化丰富时，则需要选用较少的颜色，尽可能使用亮色或浅灰色铺底色，并要注意虚实以及黑、白、灰的对比关系。

画面内容结构简单的色彩表现

画面内容结构复杂的色彩表现

●遇到大块面的形体时，如大面积的天空、墙面、地面、水面等，不宜采用大面积平涂的方法。而应该采取退晕的手法去表现。

扫码，跟随视频学退晕技法，轻松掌握天空、水面的画法

退晕手法范例示意

●画面中适当的留白可以协调色彩效果，活跃画面气氛，同时又能起到表现光感和物体质感的作用。画面留白既可以是高光留白，也可以是强调主题弱化配景的留白，甚至可以是作画时无意中留下的空白。

无意留白

高光留白　　　　　　　　　　　　　　　　　　高光留白　　　　　　配导留白

画面留白范例示意

●适当运用加重处理。一般用深色马克笔来加重，其作用是拉开画面的层次，增强体积感，并使形体更加清晰。通常加在阴影、物体暗部、明暗交界线部、倒影、特殊材质等处。加深色时需注意要少量叠加，否则易使画面太沉闷。

加重　　　　　　　加重处理范例示意　　　　　　　加重

●画面提白，即在画面中物体受光处加白线、点高光，用以强化物体的受光状态和结构关系。提白的工具有修正液和提白笔两种。修正液适用于较大面积的提白，提白笔用于精准提白。提白的位置一般在受光最多、最亮的地方，如光滑的材质、水体、灯等最亮的部位。画面比较沉闷的地方也可以使用。但是高光提白不宜用太多，否则画面看起来太"花"。

提白

树木提白
强化光影

明暗转折处
提白，强化结构

画面提白范例示意

4th CHAPTER

景观局部的手绘表现
技法

一、建筑物

1.建筑物的平面图表现

建筑平面图一般是从建筑地平算起，在1.2m高处水平剖切建筑和其他物体所得的正投影。建筑平面图能够反映出建筑与整体环境的平面关系。景观设计中的建筑平面图包括总平面、屋顶平面和建筑单体平面三种。在场地大，比例比较小的总平面图中，常用单色平面和屋顶平面来表现建筑单体和建筑群组的平面形态。在场地小，比例比较大的平面图内，常用建筑单体平面的表达形式。

建筑物总平面图

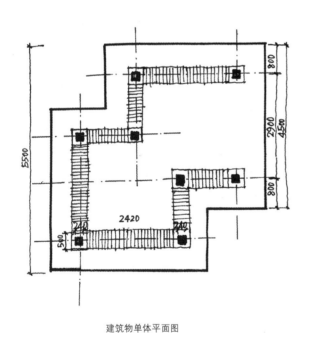

建筑物单体平面图

建筑物屋顶平面图

景观设计中三种建筑平面形式示意图

在建筑总平面图与建筑屋顶平面图中，为了能够反映出建筑体量、高差等关系，通常要画出建筑物的阴影。若是在大的建筑组群内，各建筑单体高度不同，较高的建筑会投影在较低的建筑上，则要通过阴影表现出建筑的高低错落感。对于有些仿古设计的坡面屋顶，考虑到日光照射下坡屋顶会产生的明暗面，绘制时一般以屋脊线为界，面阳为亮，背阳为暗，暗面的颜色比亮面要深，且需在背阳处加深阴影，表现出较强的立体感。

2.建筑物的立面图表现

建筑物的立面图能够直观地表达立面设计意图，重点表现建筑的立面造型，以及建筑的比例、尺度、色彩、材质等方面的内容。

立面图中，建筑往往是图面表达的主体，因此要注意区分建筑和周边环境的层次关系，根据不同的表现立意进行图面处理。

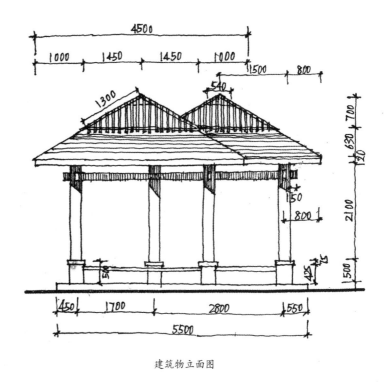

建筑物立面图

3.建筑物的效果图表现

在效果图表现中，建筑单体的表现必须要结合周边环境，协调好建筑与周围环境之间的关系。

建筑物效果图

4.建筑物的手绘表现技法

（1）步骤解析与示范

建筑物的手绘表现大致遵循以下步骤：首先，研究构图，认真布景；其次，确定光线角度与强度，而后用淡铅构图，确定正确的比例与透视；再次，绘制出建筑物和周围环境的大体明暗关系；最后，再进一步地丰富细节并铺色。

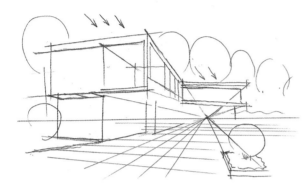

第一步：研究构图，确定透视线，勾勒底稿轮廓线，确定光线角度

第二步：根据底稿轮廓线细化各景观元素体块轮廓

第三步：深入细化各景观元素，铺设阴影，区分层次块面。根据主次关系，通过排线叠加的方式细化图面的明暗层次，基本完成线稿

第四步：给景观主体建筑物铺设棕色，并通过单色叠加的方式区分大体的明暗关系

第五步：注意通过马克笔的叠加区分明暗关系，用黄绿色系马克笔给大块面绿植铺色，用蓝色马克笔铺设玻璃和水体颜色。浅灰色用于地面和建筑外墙铺色

扫码，看建筑物马克笔铺色示范与讲解

第六步：细化、补充图面色彩，用深色系的绿色、蓝色和棕色进一步区分黑白灰关系，最后用浅蓝色马克笔铺设天空背景颜色

建筑物手绘表现示范

（2）要点提示

①明暗关系

需要注意的是，不同的明暗关系处理手法会影响画面呈现的效果。

仅勾勒出房屋的外形轮廓，
无明暗对比，显得平淡

画面增加了灰色调，效
果有所改善

用黑、白两色作画，缺乏
中间的过渡色调，显得光
线过分强烈

用黑、白、灰三色处理画面，
明暗层次丰富，立体感、光
线感较强，画面效果最好

用不同的明暗关系处理描绘同一题材

②明暗构图

表现建筑物时，明暗构图对于画面重点的形成、气氛的表现等具有重要的作用。

● 表现同一座建筑物，由于不同的明暗构图会呈现不同的画面效果。

全部在光照中

全部在暗处

屋顶暗，墙面亮

屋顶亮，墙面暗

主屋顶和前面的墙面亮

主屋顶和墙面暗

前面的墙亮

前面的墙暗

8 种不同的明暗构图法

● 用加强某一局部黑白对比手法描绘同一题材，可出现不同的趣味中心。如本页的三幅图，虽然表现同一幢房子，但由于明暗处理不同，画面的趣味中心会出现在不同位置。

明暗布局重点偏左侧，趣味中心在左侧，与另一侧拉开空间距离，主次关系明确

趣味中心在中部入口一带，由于此处明暗对比强烈，就自然形成观者的视觉中心；从明暗布局效果来看，则更突显了这幢房子的整体气势和入口的细节

以加强某一局部黑白对比的手法描绘同一题材，可出现不同的趣味中心

趣味中心在右侧，明暗布局偏右侧，与另一侧拉开空间距离，主次关系明确

● 同样一处建筑景观，由于画面所强调的明暗对比的位置不同会产生不同的趣味中心，给人的感觉也迥异。

同样一处街景，通过分别加强不同部位的明暗对比，从而产生不同的趣味中心（周清源　绘制）

● 四周暗，中间亮的画面构图，可使建筑物重点突出，主次分明。

图中巧妙地应用黑白对比，利用近处大块的背光的拱形过街门墙和投影，构成四周暗而中间亮的构图，使画面中心部位取得极为强烈的光线效果和深远的空间感。其中人物的点缀和动态的处理加强了画面的生动性

画面构图四周暗中间亮，重点突出，主次分明

③主观处理

通常，由于室外光线比较强烈，阳光下的建筑物应尽可能将受光的墙面等用极淡的灰色或留白来表现，而暗部可以用深灰甚至黑色来处理，不必一味强调固有色。

建筑物效果图表现示意（周清源　绘制）

二、构筑物

　　室外景观的构筑物主要有景观灯具、景观家具、装置小品、景观雕塑等。绘制时，除了要把握正确的尺度、比例外，造型和材质也是表现的重点。要注重整体表现，凸出重点，不拘泥于细节，充分表达出设计意图即可。

　　构筑物的常用材料一般有木材、不锈钢、玻璃钢、铸铜、铸铁、石材等，在表现时要体现不同材质的特征。

　　1.木材类构筑物表现

　　原木的自然肌理较为明显，表现时应注意其裂纹、疤结和横截面的年轮的刻画。木板的肌理感较弱，绘制时只需用墨线绘制出表面厚度及其木纹即可。木材的铺色一般选用半干的马克笔，易表现出木纹的质感，可以根据图面效果适当用彩铅细化处理。

扫码，学木材类
构筑物的表现技
法

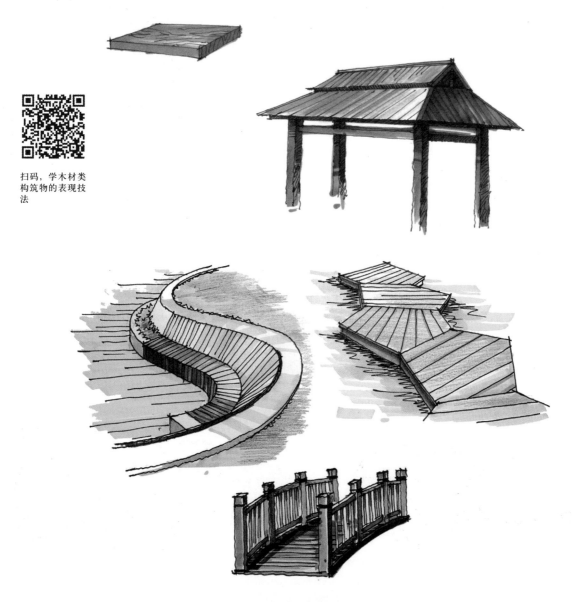

木材类构筑物表现图例

2.不锈钢类构筑物表现

不锈钢材质的构筑物明暗对比明显，色彩变化强烈，且一般会产生镜面反光。表现时，可分为三个色调处理，即灰调、深调、高光。灰调块面较小，深调很多时候可用黑色的马克笔进行表现，高光作留白处理。

扫码，学不锈钢
类构筑物的表现
技法

不锈钢类构筑物表现图例

3.玻璃钢类构筑物表现

　　玻璃钢的材质较为光洁，在光的作用下有
较为明显的受光面、过渡面和暗面。相对不锈
钢材料，玻璃钢明暗对比较弱，色彩过渡也相
对柔和。表现时可以通过马克笔同色系颜色的
叠加处理来细化层次。

扫码，学玻璃钢
类构筑物的表现
技法

玻璃钢类构筑物表现图例

4.铸铜、铸铁类构筑物表现

铸铜、铸铁材质在绘制时应注重体积感和造型感的表现，处理线稿时，造型要准确；铺色时，通过强化暗部阴影来表现此类构筑物的体积感。

扫码，学铸铜、
铸铁类构筑物的
表现技法

铸铜、铸铁类构筑物表现图例

5.石材类构筑物表现

石材表面肌理的变化较多，有自然面、火烧面、剁斧面、荔枝面、机丝面、蘑菇面等肌理，表现时可用墨线或马克笔画出不同石材的表面纹理和表面的凹凸颗粒感。

扫码，看石灯的
表现技法

不同石材肌理的表现图例

三、山体地形

1.山体地形的平面图表现

在平面图中，山体地形可通过等高线来表示，也可在等高线的基础上用同一色系的不同颜色，按照颜色深浅变化来表示出地形的高低起伏，一般深色示意地形低洼，浅色示意地势较高。

阴影是表现山体地形效果的重要元素，当山体作为画面主要表现对象时，应画出其受光面和背光面。

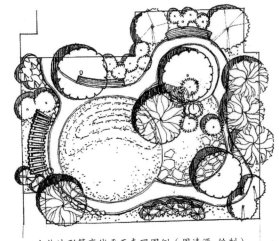

山体地形等高线平面表现图例（周清源 绘制）

2.山体地形的剖立面图表现

在山体及其周围环境的剖立面图中，不仅要清楚直观地表达山体高程、陡缓，还应表现出水体的深度、驳岸的坡度、地面的高差变化等。

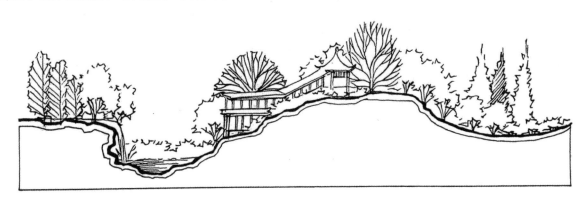

山体地形剖立面表现图例（周清源 绘制）

3.山体地形的效果图表现

绘制山体地形的效果图时，可以先用钢笔线简单地把山体的轮廓勾勒出来，然后再用马克笔或彩铅沿着山体纬线或者经线走势的脉络铺设颜色，绘制时要注意向阳面和背阴面光影的不同。

山体地形效果表现图例

在整体的图面构图中，不同山体地形也应采取不同的表现方法。

（1）远山

远山一般布置作为图面的远景，用作衬托近景物体。绘制时，一般用浅墨线勾勒出大体的形态即可。铺色时，强调整体块面感，可用马克笔单色叠加表现出简单的明暗变化。

远山表现示意

（2）近山

近山与远山的表现不同，近山表现时轮廓线较粗，线条流畅，起伏变化要明显，需要强化局部细节，表现出山体的粗犷肌理与块面组合。

（3）山体组合

当同一图面中同时出现远、近山时，要注意拉开图面的前后关系，表现时把握近实远虚，近粗远细，近处对比强、远处对比弱的特点。

近山表现示意

山体组合表现示意

四、石块

景观中的常见石材可分为天然石材与加工石材。天然石材主要包括太湖石、黄石、青石、石笋等，常用于假山置景及园林小景之中；加工石材形状较为规则、统一，常用于道路铺装、景墙及景观小品等。表现石材时，要从其形状、纹理、色泽等方面着手刻画，重点从石材的轮廓及线条入手，把握石材整体的形态与纹理特征。

1.石块的平面图、立面图表现

在平面图、立面图中，除了要绘制出石块轮廓线以外，还要画出石材纹理线。此外，根据受光面的不同，暗部的纹理线条需加深，并用色彩加以强调。

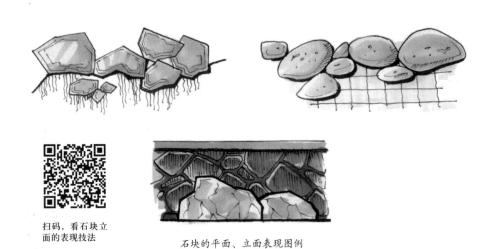

扫码，看石块立
面的表现技法

石块的平面、立面表现图例

2.石块的效果图表现

石块的形态、质感、纹理较为复杂，表现时，有线条表现与体块表现两种方式。

（1）线条表现

通过线条勾勒的手法来完成石块的基本造型。绘制时，注意线型层次的区分，一般外轮廓线要粗一些，较细较浅的线条常用在轮廓内，稍加勾绘以凸显石块的质地纹理，体现石块的体积感。需要注意，线条的排列方式应与石块的纹理、明暗关系相一致。

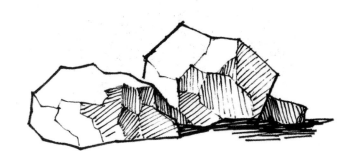

石块的线条表现示意图

（2）体块表现

石块本身具有较强的立体感，体块感的形成也是石块表现的重点。一般在线条表现的基础上，再通过素描关系的处理来表现立体感、光感、空间感和质感。

马克笔笔触有较强的块面感，钢笔排线更容易表现石块的体积感。绘制时，要将石头的受光面和背光面的明暗层次适当拉大，近景的石块要注意表现出一定的质感。

扫码，看石块的线条体块表现技法讲解

石块的体块表现示意图

五、水体

景观设计中的水体表现主要涉及水体平面图和水体效果图两类。

1.水体的平面图表现

水体的平面图有线条表现和颜色平涂两种形式。

（1）线条表现

线条表现主要通过水纹线条的排列与岸线的勾勒呈现出水体的水纹和整体形态。水纹线可用直线，也可用各种曲线表现，无论满铺还是局部绘制，都需要注意线条排列的序列感。

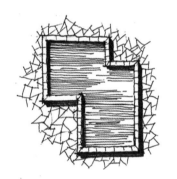

水纹线一般都自水岸的边缘开始绘制，其他地方适当的点缀即可

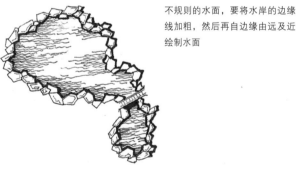

不规则的水面，要将水岸的边缘线加粗，然后再自边缘由远及近绘制水面

不规则水面表现示意图

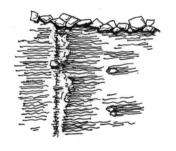

水体平面图线条表现示意图

（2）颜色平涂

颜色平涂即主要通过色块
来表现水体，有满铺和局部留
白等不同的表现形式。

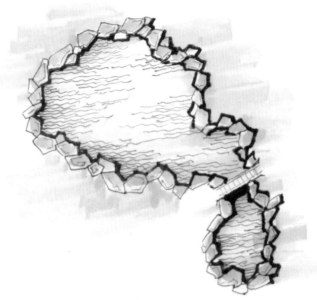

水体平面图颜色平涂表现示意图

2.水体的效果图表现

在景观设计的效果图中，水体往往有点缀的作用。水体灵动的形态和通透的色彩有助于增加整体图面的层次，活跃氛围。

由于水体本身的肌理较为光滑细腻，因此表现水体的线条需要更加流畅和随性。水体本身没有颜色，其最终呈现的颜色是融合周围环境色之后的效果。

（1）静水的表现

静水在景观手绘表现中最为常见，一般可留白处理，铺设少量蓝色。静水的波纹表现应平静，水面倒影轮廓清晰。

表现时常用退晕处理手法，一般先用蓝绿色系铺一层较淡的底色，退晕出上浅下深的效果；然后再根据水体周围的小品、树木等表现
倒影，用稍淡于投影物的颜色叠加在
水面的底色之上，色彩表现要沉稳，
明度要低。

当表现微波荡漾的水面时，可用墨
线或马克笔绘制出少量波形纹，在退
晕、投影处理的基础上，用橡皮擦出
一至两条光带，也可用白色荧光笔点
缀，以表现波光粼粼的水面效果。

微波荡漾的水面表现示意图

表现水流较为平缓的水面时，若水波不大，应将岸边物体的倒影拉长。

用退晕技法表现水体时，切忌色彩过多，可以只做单色的退晕变化。色彩退晕常用马克笔平涂和彩铅渐变两种方法。马克笔平涂适用于大块水面的表现，铺色时笔触要尽可能方向一致、工整规则，并通过适当的留白与投影着重强调水的光感。彩铅适宜表现边缘略深、中部略浅的渐变效果，其色彩过渡较为自然流畅。

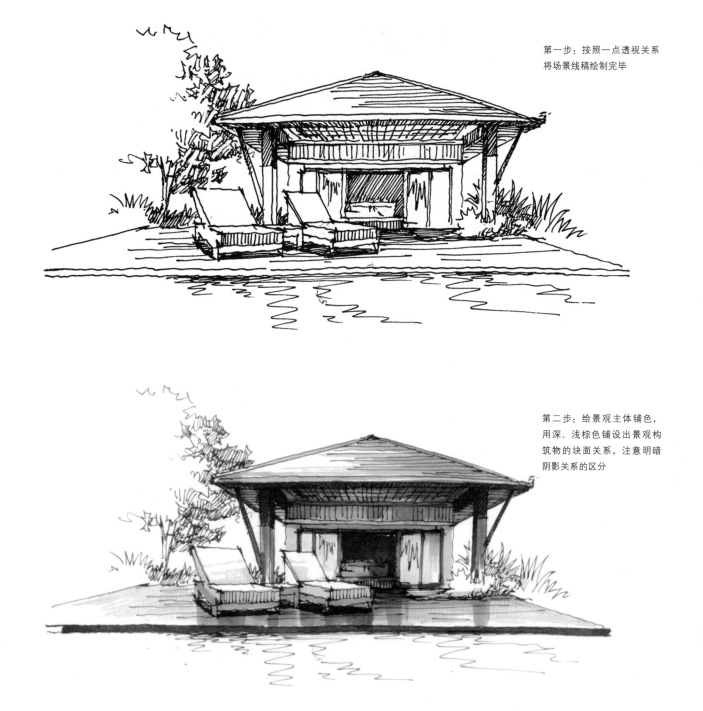

第一步：按照一点透视关系将场景线稿绘制完毕

第二步：给景观主体铺色，用深、浅棕色铺设出景观构筑物的块面关系，注意明暗阴影关系的区分

第三步：用蓝色水面做退晕处理

扫码，看平缓水面表现技法及效果图的上色步骤讲解

第四步：用绿色和蓝色的彩铅铺设远景绿植和天空颜色；岸边水面用修正液点缀，以凸显波光粼粼的效果

平缓水面表现示意图

（2）动水的表现

动水的用笔应有起伏感，绘制时还可用留白或使用修正液、变色荧光笔点缀的方式来表现水流激起的浪花。水体的暗面可局部用蓝灰色、绿灰色铺设立体块面，以表现动水的立体形态。

动水的表现示意图

（3）倒影的表现

水的质感更多是要通过倒影来体现，倒影可以体现出水的透明效果。倒影要依据水体周边的物体来进行表现，不同水面所处的景观环境不同，其倒影的内容也各不相同，但切忌将倒影绘制得过"实"过"细"，可在局部用一些笔触来"破坏"倒影的轮廓，以显示水体的生动性。

第一步：根据透视关系绘制线稿。桥作为画面的主体物，表现要充分，要注意形体和构造

第二步：给景观主体铺色。
分别用深、浅棕色铺设出景
观构筑物的块面关系，注意
明暗阴影关系的区分

通过留白的倒影反映周边物体形态

第三步：用淡绿色和淡蓝色
马克笔铺设近处水体和远景
绿植与天空颜色，再用绿色
和蓝色彩铅排列笔触进行叠
加，以此丰富图面层次

倒影切忌画得过于"实"或"细"

倒影表现示意图

六、树木

　　树木是景观表现图中最常用的元素。树木有乔木、灌木之分。乔木高大，灌木矮小，且都有各自的形状特征。

扫码，学不同树木的特征及表现技法难点

树木的特征及表现

1.乔木的表现

表现乔木首先要勾勒树形的轮廓和大的动势，确定好受光和背光部分；然后区分大的明暗关系；最后补充细节，调整整体关系。

（1）乔木平面表现

①单株乔木的平面表现

单株乔木的平面可以树干位置为圆心，以树冠平均半径为半径作圆，再根据不同的树型特征，在圆内以线条勾勒表现树、干、树枝、树叶的俯视平面，树冠边缘的一侧加阴影。表现时要按照实际的大小和既定的比例进行绘制。

乔木的平面表现方法和风格较多，大体可分为轮廓型、分枝型、质感型、枝叶型四类。绘制时可以结合自己的喜好或作图习惯采用相应的表达方式，但要使图纸中的总体效果统一。

轮廓型：只用线条勾勒出树冠轮廓，可以是单线也可以是2~3层线条，线条可粗可细，轮廓可光滑也可以局部带有缺口或尖突

分枝型：省略轮廓线，在圆形的范围内，用线条的组合表示出树干和树枝的分叉形状

质感型：省略轮廓线，在圆形的范围内，通过勾勒树叶表示出树冠的质感

枝叶型：可省略轮廓线，在圆形的范围内，用线条的组合表示出分枝和冠叶。也可用线条勾勒出树冠轮廓，这种类型也可以看作以上几种类型的组合

单株乔木的平面表现

②多株乔木的平面表现

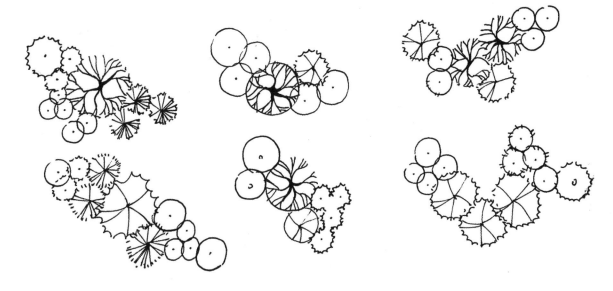

多株乔木组合平面表现

在场地总图面中，为了清楚简洁地表达图面内的所有设计内容，避免遮挡，乔木平面可以只用简单的轮廓线表示。当树冠下设计有花池、水面和其他景观小品等较为低矮的元素时，乔木平面要予以避让，用简单的圆圈标示出树干的位置即可。表现大面积乔木可以只勾勒树木的边缘线，但如果片植乔木是整个设计的主体，则需强化出树冠的平面。

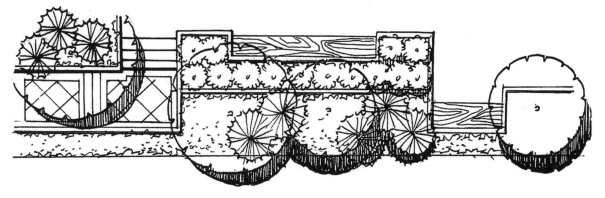

避让画法示意

（2）单株乔木立面及效果图表现

在剖、立面图和效果图表现中，乔木的立面是最重要的表达元素之一。除了要表现出一定的体积感，有的还要表现出树干、树枝的形态，以及树干的纹理组织，树枝的疏密、长短、曲直穿插等关系。

①体积感表现

可以先将乔木的形体用近似的几何形态来概括，然后再进行细化表达，这是主动认识、大胆地概括树的明暗关系的前提，对于理解和表现乔木在光线作用下的各种明暗变化有很大的帮助。在画树叶、树枝、树干时，通常用四种调子进行表现，即高光、受光、背光和投影，按照这样的明暗关系来表现，就可以比较清晰地分出层次，并表现出一定的体积感。

画树的基本练习

投射到地面上的树影，既能表现树的特征，增加画面的趣味和平衡画面的构图，也能表现地面的状况。在平整地面上的树影，通常可以用水平方向的直线表现。起伏不平的地面上或草丛稀疏的树影，则可用垂直短线或旋转短线表现。

用短线表现的树影

②树叶的表现

树叶一般分针叶和阔叶两类，树叶有向上生长或向下生长的，也有横向生长的。绘图者应该根据树叶形状及生长规律，采用不同的用笔方法。下图中是画树叶的基本练习，可以看到单组树叶和多组树叶的不同用笔方法。树叶的边缘轮廓最能表现树叶的特征，因此，作画时要特别注意对树叶边缘的处理。

A. 向下的用笔

B. 向上的用笔

C. 向左的用笔

D. 向右的用笔

E. 各种方向的用笔

F. 尖型的用笔

G. 放射形的用笔

单独树叶的用笔

A₁

B₁

C₁

D₁

E₁

F₁

G₁

树叶的组合用笔

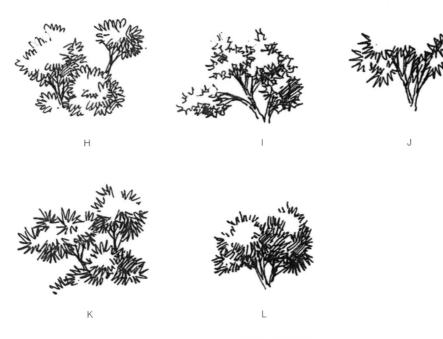

H   I   J

K   L

叶丛的不同用笔

扫码，跟随视频
学树枝的不同用
笔技法

扫码，学枝干的
绘制要点

完整树叶用笔实例

③枝干的表现

树的立面形态取决于树的枝干结构。画树的枝干时要注意，从树枝到树干，呈现由细到粗的变化，绘制时，也应从单线逐渐过渡为双线。枝干的数量也由多变少，绘制时，枝干的分布由宽逐渐收窄。

就枝干的结构变化而言，可以把它归纳为主干型、枝杈型、伞状型、倒"人"字形四种基本的类型。

主干型的枝干呈辐射状态汇集于主干，主干比较粗大突出，出杈的地方形成结状物

枝杈型的主干一般既高又直，沿着主干垂直的方向交替出杈

伞状型的树枝、树干逐渐分叉，越是向上出杈越多，树叶也越加茂盛，整个树呈伞状，树型丰满、轮廓优美

倒"人"字形枝干形状如同倒"人"，这种类型的树、枝、干多呈弯曲状态，苍劲有力

四种类型枝干的树型表现图例

（3）组合乔木的立面及效果图表现

在景观设计手绘表现图中，乔木很少会单棵出现，更多时候是多棵的组合，因此，绘制时需要注意区分它们之间的空间层次。

初学者画树时，要循序渐进，最好先从一棵树，乃至一个局部开始，而后再作一组树和多组树的描绘。下图示意了从单株树开始练习画树的方法和步骤。

从单株树开始的画树的步骤

①明暗关系

当图面中几棵树紧密布局在一起时，它们之间的明暗对比需要认真处理。

A
近处的树枝在阳光里，所以留空白；而远处在阴影中的树枝，则以纵向的排线表现，强烈的明暗对比拉开空间的距离

B
左边一棵树的树枝是亮的，它的投影投在右边的树枝上，环状的投影加强了树干的体积感

C
与 A 中树的情况相反，但两棵树之间的空间距离同样被拉开了

D
接近树冠部分的一段树枝是暗的，因为它在树冠的投影中

乔木的组合表现

后面的树木高度超过了篱笆，画面采取顶部受光，树枝、树干表现在阴影里，使三层靠在一起的树巧妙地拉开距离

靠在一起的树用明暗关系拉开距离

树叶丛中空隙的上部边缘总是处在阴影里，因此应作暗部处理，而不能画成受光的样子

在表现树干、树枝时要理解它们在不同空间位置的透视关系，甚至连投射在树干、树枝上的影子，都要符合树干本身的透视变化。可以先临摹树的层次关系的表现，然后抛开原稿根据自己的理解来画，逐步掌握树的画法。

树的明暗层次关系处理

②空间层次

在画面构图中，树木的表现可以分为远、中、近三个层次，根据不同的层次，可以采用不同的表现方法。

远景的树，一般位于图面的远处，起到衬托环境的作用。处理时一般成片绘制，虚化处理，减弱对比，以拉开前后的关系。先勾勒出其形状，后采用单色平涂法，以马克笔上大片的颜色，再适当添加树干，树的层次一般有1~2层就够了，虽然是一些剪影般的树形，但已能区分出各类树的差别。

第一步：绘制好线稿，给马克笔填色留空间

第二步：用黄绿色马克笔大块面铺色，暗部叠加两层

第三步：用草绿和深绿分别铺设草坪和远景树，强化明暗层次

扫码，看远景树的表现技法

远景树的表现步骤示意

　　中景的树，一般以体现姿态为主，相对于远景树要更注重细部的刻画，要清楚地表现大叶簇的关系，外轮廓和交界面要点以虚实变化的笔触。主干应分出明暗，树冠应用三种不同明度的绿色表现。

第一步：用淡黄绿色马克笔进行整体铺色，暗部叠加两层

第二步：用黄绿色马克笔铺暗部，在第一层基础上进行叠加，基本表达明确的光感

第三步：用深绿色马克笔强化阴影部分，也就是第三层颜色的叠加，强化黑白灰的对比关系

中景树的表现步骤示意

　　近景的树，一般位于图面近景的一角，主要是为了增加图面的空间层次，满足构图的需要。表现近景的树应比远景树细致些，比中景树简略些。近景树的明暗需与中景和远景拉开差距。

　　总之，自然界的树木种类繁多，即使是同类的树木，由于生长在不同的环境中，往往也是各具面貌。学习画树的关键在于平时要多观察、多练习，要善于表现树木的姿态和动势，既要表现树的共性特征，也要表现出个性的变化。

近景树的表现步骤示意

2.灌木的表现

在景观设计中，灌木可作为绿篱成排布局；也可散落布局在道路两侧或作为草坪附件；还可与乔木搭配，丰富空间层次，加强空间围合；还可以单独作为主体景观大面积布局，形成群体植物景观。

（1）灌木的平面表现

灌木的平面形态总体可以归纳为两种，即不规则式和规则式。不规则式一般为自然栽植，其平面轮廓呈凹凸变化。规则式多为成排栽植，且灌木修剪得也较为规整，其平面轮廓形态变化较小。

灌木平面表现方法和乔木较类似，但由于灌木通常丛生，没有明显的主干，因此常用轮廓型和质感型进行细化表现。

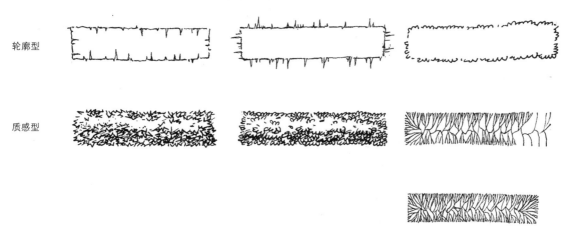

灌木的平面表现

（2）灌木的立面表现

根据图面的空间层次划分，远景的灌木只需勾勒出大体的轮廓，铺设色块区分明暗色阶即可。近景的灌木表现则要细化其枝叶特征。下图所示可作为表现灌木体积的参考，初学者可先临摹一遍，然后根据理解再画。

灌木的立面表现

另外，灌木分为藤本类和团簇类。藤本类灌木叶片一般有较为明显的锯齿感，线条的凹凸变化较为明显。团簇类灌木应该强调其体积感，铺设的色调要加强明暗关系，体现光感。细化表现灌木叶片时，主要在阴影部分勾勒叶片，并在受光部分点缀一些叶片。

藤本类灌木一般先上色，根据上色的形态再勾勒轮廓，细化内部叶片

团簇类灌木可理解为近似几何球体进行表现，强化体积感

藤本类灌木和团簇类灌木的表现示意

七、草丛、植被、花卉

草丛、植被、花卉常作为景观场地中的配景，在绘制时必须注意它们的疏密、聚散、开合、呼应等关系。绘制的线条既有变化又要统一。

1.草丛的表现

表现草丛时主要体现其质感，通过不同的笔触和线条的排列来构成不同的表现形式。常用的表现形式可归纳为三种：匀点布局、线段排列、自由线型。

①匀点布局

匀点布局是最简单和常用的表现形式。笔尖点于图面，注意控制起笔、落笔力度，确保点的大小均匀一致。

②线段排列

根据草丛的不同形态，可采用短线排列或长线排列。用短线排列时，每行排列间距相近且排列整齐的，可用来表示人工草坪；排列错落的，可用来表示天然草地或管理粗放的草坪。长线排列时，行间可有交错重叠，也可稍许留些空白或行间留白。

③自由线型

自由线型的草坪表现相对更具有张力和特点。线条没有固定的模式，只要确保图面的统一性即可。绘制时，需注意通过线条的疏密渐变、交错重叠等方式来处理近实远虚和明暗层次。

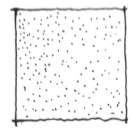
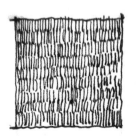

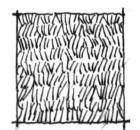

匀点布局表现示意图　　　　线段排列表现示意图　　　　自由线型表现示意图

在完成线稿的基础上，草丛一般以深浅两种颜色，结合光照角度，顺应地势进行铺色。铺色时注意笔触要顺应地势横向排列，既可以表现地形起伏的关系，也可以自然地表现出草丛上的物体在地面上的投影。

草丛的色彩表现示意图

2.植被的立面表现

植被的表现可借鉴灌木和草丛的表现方式。根据图面的需要选用轮廓勾勒或质感表现的方式。作图时以地被栽植的范围线为依据，用不规则的细线勾勒出地被的范围轮廓，另外，还应加深植物的垂直侧面，以表现植物的体积感。

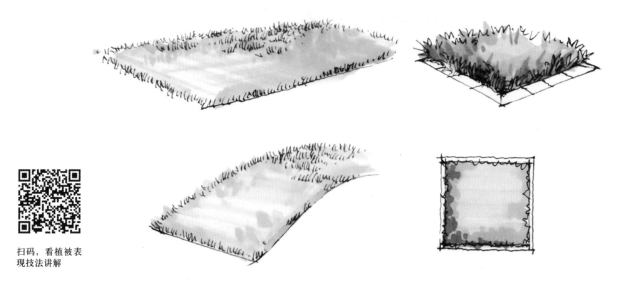

扫码，看植被表现技法讲解

植被表现示意图

3.花卉的表现

　　花卉的生长形态可大致分为丛生型、单棵型和藤蔓型。在景观场地设计中，花卉布局多采用丛生型进行片植式布局，偶尔也会结合单棵盆栽和局部藤蔓的布局方式。在表现花卉时，一般采用整体处理的方式，通过勾勒边缘线确定其范围，铺设大色块，然后根据图面的前后层次对花叶进行局部刻画，尤其是作为前景的花卉，要细致刻画明暗关系，拉开图面层次。

花卉表现示意图

八、道路铺装

景观道路根据铺装的形式和材料可以分为整体铺装、块料铺装和碎石铺装。整体铺装主要为水泥和沥青材料的铺装。块料铺装则使用石材和广场砖。碎石铺装使用的是碎石、卵石、瓦片等。

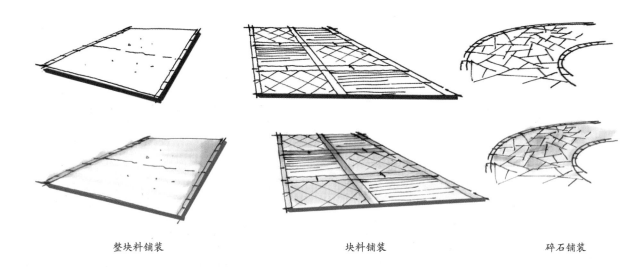

整块料铺装　　　　　　　　块料铺装　　　　　　　　碎石铺装

由于道路铺装有较为明显的规则感和重复性，因此，在表现时无须满涂，注意色块的渐变和衔接，并适当予以留白。

1.道路铺装的平面表现

景观表现中，道路铺装的整体表现主要是绘制道路平面图，并依据道路主次区分、图面比例等进行表达。

在表现比较重要的中心场地和出入口广场时，需要对道路铺装进行细致的刻画，以凸显其重要性，而对于次要场地一般只用简单的颜色和纹样，与绿地区分开来即可。

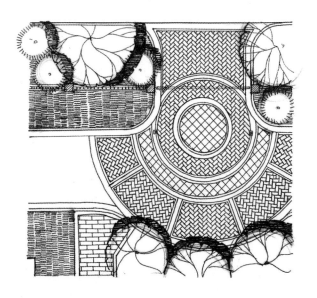

道路铺装的精细表现图例（周清源　绘制）

在较大比例的手绘图面内，道路铺装的纹样、材质、色彩等都需细致刻画，表现内容较为丰富。而在比例较小的图面内，对于道路铺装的细节表达则有一定的限制，一般能够清楚地表现出道路铺装的边界即可，纹理和材质的细节表现可简略处理。拼接形式较为丰富的铺装样式在上色时需注意将其控制在同一色系中，确保图面的统一性。

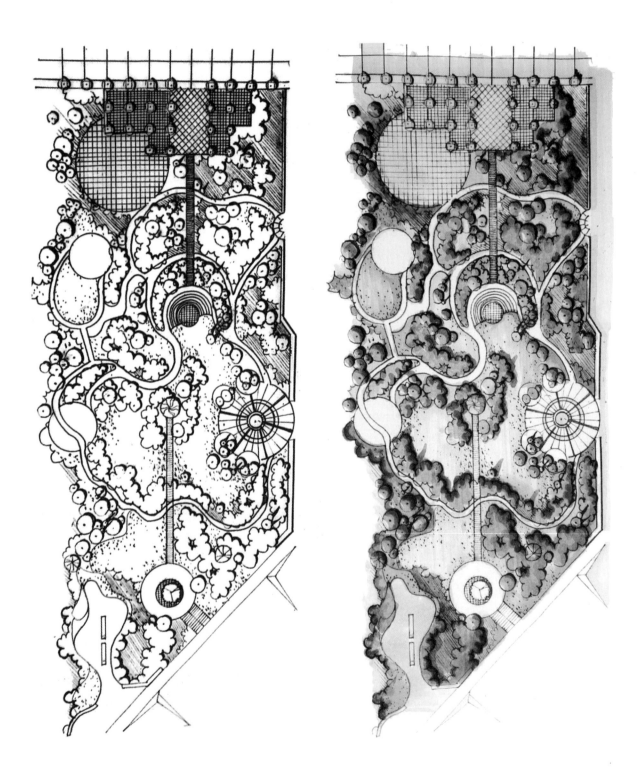

道路铺装的简略表现图例（周清源 绘制）

2.道路铺装的透视图表现

表现道路铺装的透视图时，要注意道路边界的轮廓线及内部的纹理线近大远小、近实远虚的关系。铺色时，要注意运笔的方向、色彩近深远浅的关系，除了反光较明显的磨光地面采用垂直运笔，以体现倒影和材料的光感外，通常都采用水平运笔进行铺色。

无反光地面   有反光地面   竖向笔触

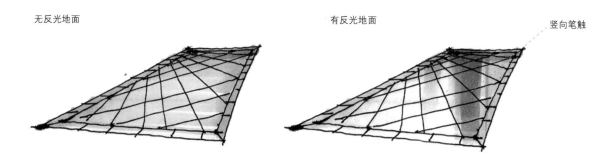

有反光地面和无反光地面材质表现示意

整体用色若需注意近深远浅，远处色偏浅偏冷，近处色则应偏深偏暖，颜色衔接过渡自然。道路上的物体光影表现要远处密、近处疏，且要随着铺装石材表面的凹凸变化而有所不同。不同道路铺装的表现图例，如花岗石、卵石、条石镶嵌、弹石嵌草、面包砖、地面石阶、片石、板岩碎拼等表现图例，可配以文字说明。

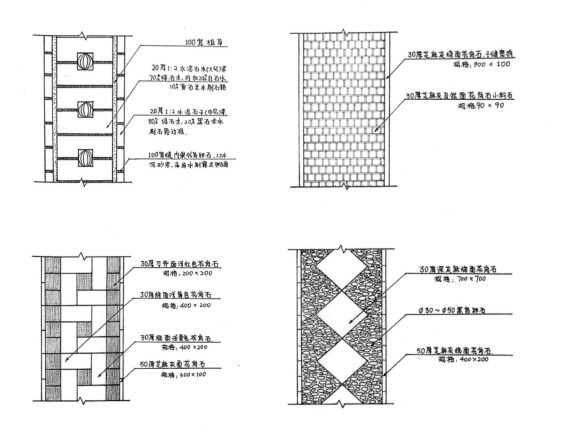

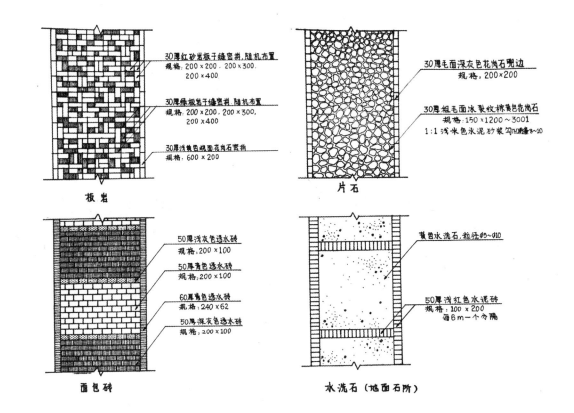

板岩

30厚红砂岩板子缝窗拼，随机布置
规格: 200×200、200×300、
200×400

30厚绿板岩子缝窗拼，随机布置
规格: 200×200、200×300、
200×400

30厚浅黄色烧面花岗石密拼
规格: 600×200

片石

30厚毛面深灰色花岗石踢边
规格: 200×200

30厚粗毛面冰裂纹橡黄色花岗石
规格: 150×1200～3001
1:1 浅米色水泥砂浆勾凹缝8～10

面包砖

50厚浅灰色透水砖
规格: 200×100

50厚青色透水砖
规格: 200×100

60厚青色透水砖
规格: 240×62

50厚深灰色透水砖
规格: 200×100

水洗石（地面石阶）

黄色水洗石，粒径φ5～φ10

50厚浅红色水泥砖
规格: 100×200
每6m一个分隔

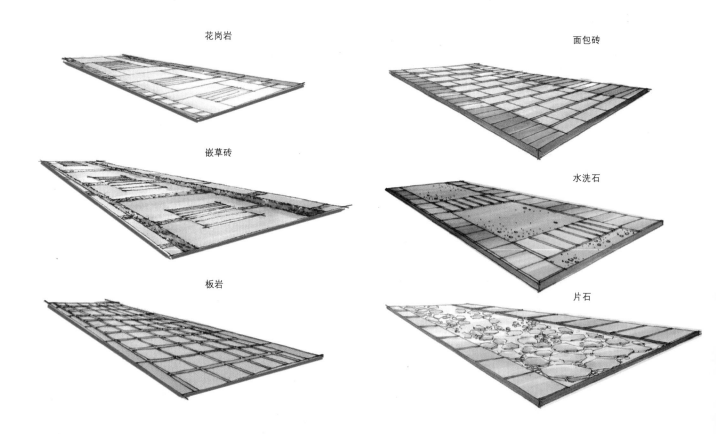

花岗岩

面包砖

嵌草砖

水洗石

板岩

片石

不同道路铺装的表现图例（周清源 绘制）

九、人物

　　人物作为配景，在景观手绘表现图中主要有三个作用：一是作为尺度参照，通过人物与场地景物的比例关系来显示场地空间的大小；二是丰富图面层次，通过人物的轮廓线或色块点缀使画面丰富生动；三是帮助调整构图，当图面构图出现偏、空等问题时，人物配景可予以适当的平衡。

扫码，看人物配景的作用及效果图上色步骤讲解

有人物配景的效果图

在手绘表现图中，人物只是空间场景的点缀，不宜过分突出。一般情况下，手绘表现图中的人物只强调轮廓感和平面感，并适当地图案化，因此，先以墨线勾勒形态，线条要流畅，然后用马克笔或彩铅平涂即可。

人物的动作不宜太大，身体各部分的比例要适宜，一般以头部的高度与人的总高度作比较，这个比例大体是1:7~1:7.5。腰部以上约等于4倍头的高度，腰部以下约等于4倍头的高度。绘制时只要大体上接近这个比例即可

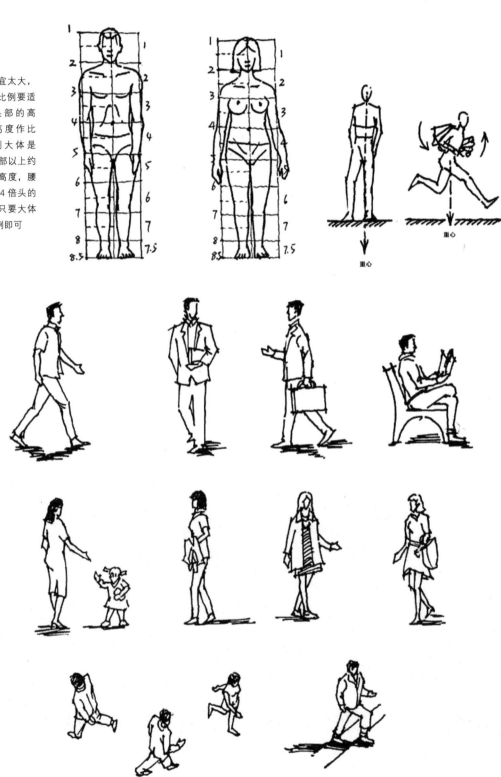

人物配景表现图例

十、车辆

　　车辆也是景观设计手绘表现图中的常用配景，特别在大型的街道、广场、公园入口等公共空间表现图中经常出现。车辆作为配景和人物的作用类似，可以作为尺度参照的依据，帮助丰富图面层次，烘托场所氛围，协调完善画面构图。

有车辆配景的效果图

　　绘制车辆时需注意比例的控制和车型的选择。比例的大小要与场地总体的尺度感相协调，保证图面的统一性。车型要符合时代的特征，并要根据场所的环境特征来选择。

车辆配景表现图例

5th
CHAPTER

景观设计手绘表现图
的画面组织

一、画面的主次

1.主次的概念

在景观手绘表现图中，主次是指图面构成的主要场景与次要场景之间的关系。主次关系一般在两个或多个构图元素的对比中产生。因此，主要场景都是通过次要场景的对比而存在，它们之间是相互依存，互为衬托的关系。

2.主次的组织

在景观手绘效果图中，图面应做到主题突出，适度强化主体的表现，并简化次要景物的表现。所谓主题突出，就是要突出画面中需要表现的主体。

色彩运用趋同，图面缺乏主次

主景区色彩明亮艳丽，明暗对比明显

主次关系表现图例

　　图面中主体位置的选择应由设计方案的表现内容和表现氛围而定。突出主体的方式：第一，使主体部分的轮廓明确；第二，加强图面中主体部分与其他部分的明暗对比；第三，对图面的主体部分的刻画应更为细致而紧实，对于图面次要部分则要适当进行简化、模糊、柔和、含蓄处理。

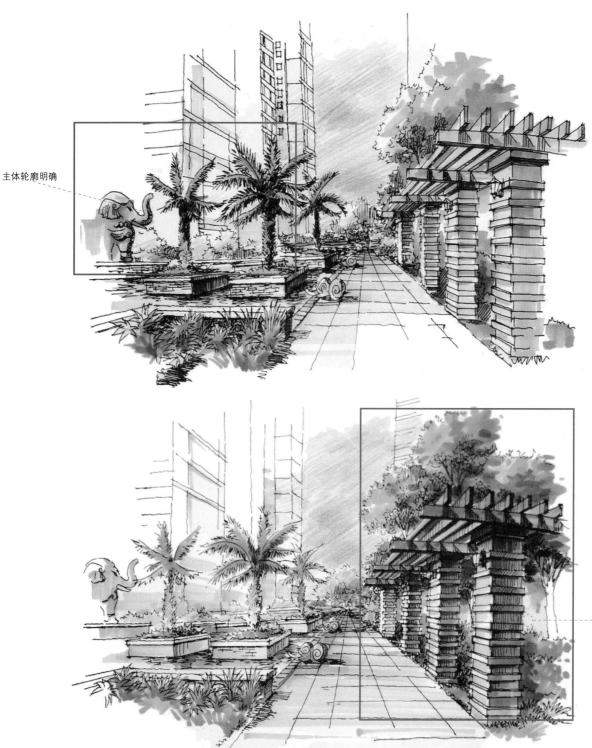

主体轮廓明确

主体部分明暗对比更强，
刻画更为细致

同一景观通过强化不同主次内容的，会产生不同的效果

二、画面的虚实

1.虚实的概念

画面虚实的实主要指那些形态刻画清晰的图面元素；虚是指那些形态处理较为简化、含糊的元素。虚与实是相辅相成的，有了虚的衬托，实才得以显现，虚不是无，虚也是一种存在。

2.虚实的组织

虚实与主次在图面中是紧密相关的。通常，实的形态大多作为设计的主要部分，而虚的形态大多作为设计的次要部分。

图面的主次和虚实都是相对而言的，只有做到恰如其分才能收到良好的效果。忽视虚实的变化或对主体强调得不够，必然会使得画面松散；但是，如果过分强调主次和虚实对比，也会使图面重点与整体脱节而显得孤立，破坏画面的统一感。所以，为了避免出现这样的情况，一般应使虚和实之间有良好的过渡，并通过退晕的方法来逐渐加强重点。

扫码下载高清
原图

扫码下载高清　　扫码，看马克笔
原图　　　　　　上色示范

表现虚实关系的景观手绘效果图

三、 画面的空间层次

1.近景的概念及作用

①近景的概念

在图面中最靠近观者视觉的景物称为近景。

②近景的作用

● 丰富图面层次。因为近景位于主体景物的前方，所以表现好近景与主体的层次关系有助于图面层次关系的表现。

近景可以丰富图面层次

● 强化图面透视。由于近景接近观者，表现好近景可以产生近大远小的视觉效果，增强画面前后空间关系。

近景可以强化图面透视

● 均衡图面构图。近景元素的增加可以起到压住图面下方的作用，达到稳定、均衡的效果。

近景可以均衡图面构图

● 突出主体元素。

近景水面可以突出主体元素

2.远景的概念及作用

①远景的概念

图面中位于主体元素背后的景观都应称为远景。好的远景可以有效地烘托主体，反之，则会削弱主体的魅力。

②远景的作用

● 衬托主体轮廓。

扫码，看远景绘制及效果图上色示范

用远景衬托主体轮廓

● 渲染图面环境。

背景渲染图面环境

●加强图面空间感。

远景加强图面空间感

四、画面的留白

1.留白的概念

留白虽然不是实体的对象，但同样是画面中不可缺少的组成部分，也是沟通和联系画面中其他对象之间的纽带，同时还起到烘托画面意境的作用。留白并不孤立存在，而是与主体有形式上或内在的关联，往往画面的深邃内涵就是靠这些看似无足轻重的留白来表现的。

2.留白的作用

●突出主体。

●创造意境。

●延伸图面视觉效果。

因此，要善于灵活地、合理地、具体有独创性地运用画面的留白。

3.留白的面积

留白与图面中实体对象之间的比例要根据设计者需要的画面效果而定，但要防止两者的面积相当或对称。如果画面的留白面积大于实体对象所占面积，虽然画面看起来空荡，但也会带来空灵的感觉，留给观者较大的想象空间；如果画面中的实体元素所占的总面积大于留白，则着重表现主体形象；如果两者在画面上的总面积几乎相等，视觉上就会容易显得呆板，缺乏生机。

画面留白案例

6th
CHAPTER

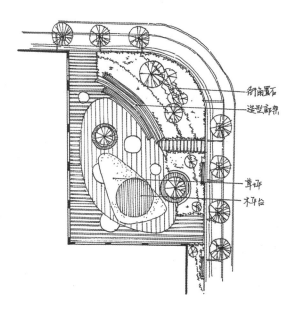

景观设计手绘表现图与
工程图的结合

一、手绘工程图内容及表现

1.景观场地规划图的绘制

景观设计是规划设计或城市设计的延续。景观规划的场地面积、绿化率、道路体系、停车位、停车数量、消防通道等都是规划设计的内容。为此，绘制景观设计表现图应该了解相关的规划设计和城市设计知识，如《城市规划原理》等；否则，即使能画出漂亮的景观表现图，但由于不符合相关规范和标准，也因无法得到相关部门的批准而无法实施。

景观设计应在规划设计的要求下进行，应首先关注场地的功能布局、道路系统规划、景观结构、生态格局、植被规划、水景组织、地形处理、设施选择与布置等，然后再考虑文化内涵、艺术造型等问题。

（1）功能布局

功能布局是绘制规划图时必须表现的内容。绘制时，需要将不同的使用功能分类，将同类型的活动安排在一个相对集中的区域内，并对应于具体的位置，合理地安排在既定的图面上，设计表现应绘制功能分区图。

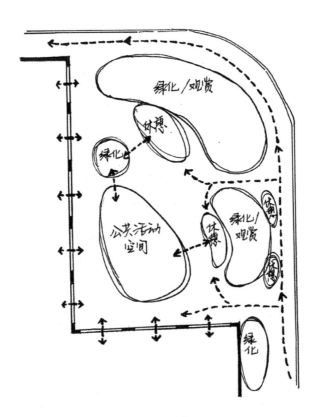

功能分区示意图

绘制表现图也应以功能分区图为依据逐步深入，进一步表现不同功能的空间范围，如表现绿地、场地、交通等内容的形态。依据功能需求和空间风格在场地内选择、布置功能设施和景观元素，并根据设计要求绘制景观元素，如植物、构筑物、台地、花架、花坛等。

（2）景观结构

景观结构由景观节点、景观轴线、景观视廊、景区和景观序列构成。景观手绘需要表现不同景观区域的景观特征，表现各景观区域之间的联系，以及理想的景观系统。

①景观节点

手绘图应表现景观节点，它是构成表现图的重要内容。景观节点图应体现景区的景观特征，具有形态控制作用。景观节点既是景区聚焦点，也是各景点的连接点，通过景观节点的连接、过渡，表现场地内不同景观区域之间的转换和联系。

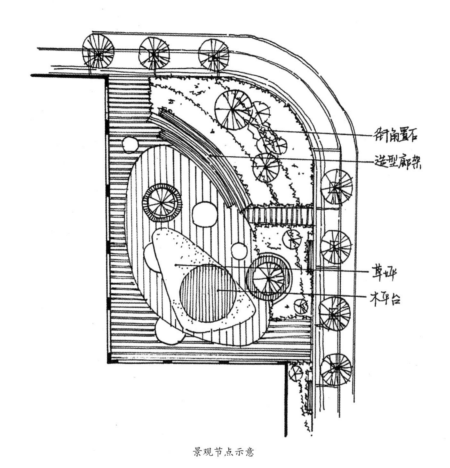

景观节点示意

②透景线

在景观表现中，具有统摄作用的视线延展线即透景线。透景线是景观场地设计中的重要元素，通过它通常可以连接主要景观节点，使分散开的景观节点产生关联性，建立景点与景点、景区与景区之间的联系。

● 景观轴线

景观轴线分为对称轴线和不对称轴线，是构成景观空间秩序的重要方法之一。对称轴线具有强烈的控制力，各种环境要素在中轴线两侧排列。由于对称轴线的控制，形成整齐庄严的景观特征，一般适用于具有庄重感、纪念性的场所。不对称轴线则是将各个景观元素在景观轴线两侧呈大体均衡状态布置，给人以轻松、活泼、动感的视觉效果。

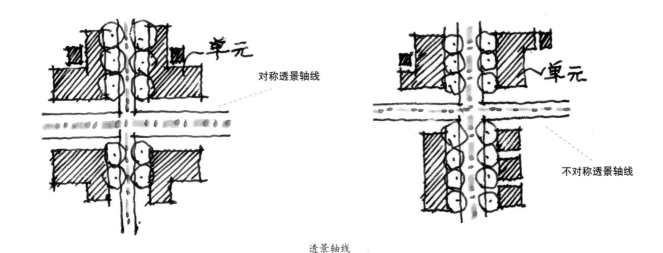

透景轴线

● 景观视廊

表现图中的景观视廊是视觉"连贯线"，也是"视觉廊道"，虽然它是无形的，但通过它通常可以连接主要节点，使分散开的节点产生关联性，对不同景观元素之间的视觉连贯起到控制作用。

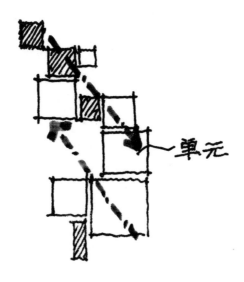

景观视廊

③景区

表现图中的景区是指具有相同或相似的景观特征的图示区域。一幅景观表现图中的景区可按功能区域划分成不同的景区。通常区域较大的景观需要表现景区与景区之间的分隔与联系。

④景观序列

景观序列是实现景观场地完整性的重要手段，表现景观序列时应将道路、坡地、景点构筑物之间的联系表达清晰，应突出表现景观视廊中的重要节点，应认真表现景观环境起始和结束两部分的平面形态。

（3）道路系统

道路系统是构成景观表现图的不可或缺的内容。

绘制时应注意，道路系统一般按照通行的交通量分级设置。较大的景观公园，道路系统一般分为三级，通常主路宽5m，支路宽2.5m~3.5m，小路宽0.9m~1.2m。面积较小的景观绿地则根据实际需要，道路分级减少或不分级。

2.平面图的绘制

景观平面图不仅仅是一种图解的工具，也是一种约定俗成的表现方法。

平面图是表达景观区域内总体设计内容的图纸，它应表现景观各个部分之间的空间的组合形式与规模。平面图是景观手绘表现的重要内容，它应能够表达设计者对场地构思、区域划分、形态大小，以及与周边关系的考虑，相对于立面图、剖面图、效果图，景观平面图更具有全面性。

（1）景观总平面图的表现内容

总平面图需要按比例和规范图例表现下列内容：

● 规划设计场地的边界范围及其周边的用地状况；

● 对原有场地地形、地貌等自然状况的改造与增加的内容；

● 场地内部构筑物、道路、水体、地下或架空管线的位置与外轮廓；

● 景观植物的空间种植形式与空间位置；

● 场地内部的等高线位置及参数，以及构筑物、平台、道路交叉点等位置的竖向坐标；

● 根据图面需要适当地标明比例、说明文字、标注引线、指北针。

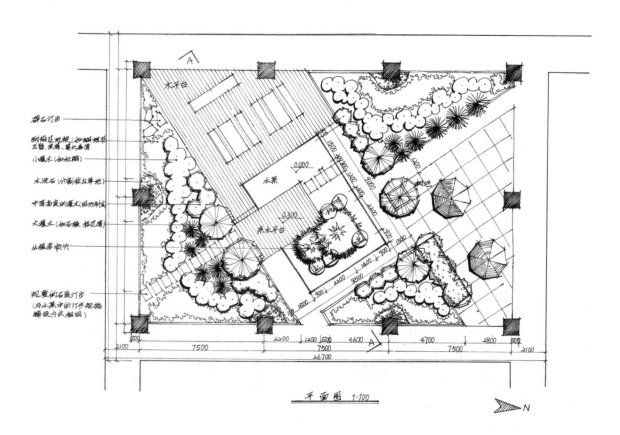

景观平面图（吴文宇　绘制）

（2）景观总平面图手绘表现要点

● 总体平面表现要主次明确，重点区域加强表现，非重点区域的表现可简明扼要。

● 上色前必须完成线图的绘制，线图要确定并统一画面的光源，并以此为依据确定不同的植物、构筑物等的阴影，形成阳光照射的感觉。

● 平面图表现中的线条要分粗细等级，以加强图面表现的线条层次。一般用地范围红线最粗，水体边线次之，其他边线再次之，铺装分割线、等高线和标注引线最细。

● 上色时，首先铺设植物的基本色调，依次从乔木到草坪。随后铺设景观构筑物、水体、道路铺装的基本色调。完成整体色调之后，对画面主体部分的平面图例进行深入刻画，增强画面的光影关系与色彩对比。

● 画面基本完成后，对于完成的平面图整体色调进行调整，使整个画面的色调统一。

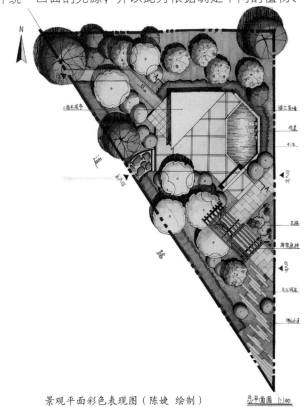

景观平面彩色表现图（陈婕 绘制）　　　总平面图 1:100

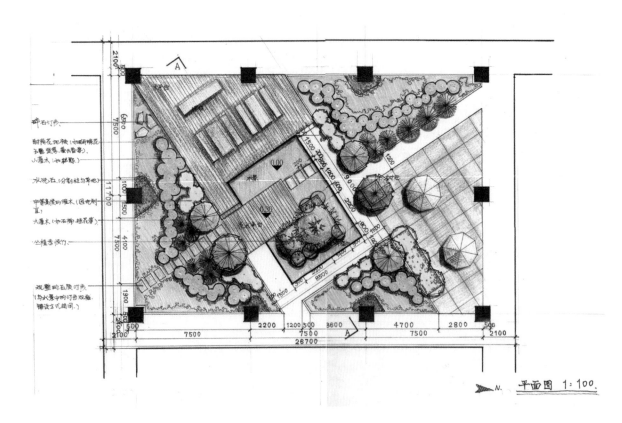

景观平面彩色表现图（吴文宇 绘制）

通常，场地总面积50hm²以上，总平面图比例尺宜用1:2000~1:5000；面积在10hm²~50 hm²左右，比例尺宜用1:1000；面积在5hm²~8hm²以下，比例尺宜用1:500；面积在5hm²以下，比例尺一般采用1:200。

针对不同的比例尺度，总平面的精细程度也有所不同，通常，总面积小于等于1hm²的总平面图中，除了要表现场地基本景观构成元素外，还要包括构筑物的具体范围与平面空间形态、照明布局、小品设施、铺装纹样、乔木灌木以及地被的配置情况等。

总之，总平面图是最重要的图纸，它能够集中表达设计者的场地构想，相对于立面图、剖面图、效果图，总平面图更具有核心的意义。通过总平面图，阅读者可以直接且完整地理解设计者的空间整体架构。

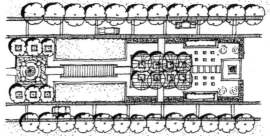

比例为 1:200 的平面图图例

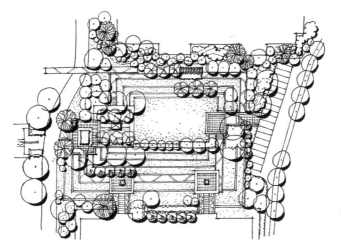

比例为 1:200 的平面图图例

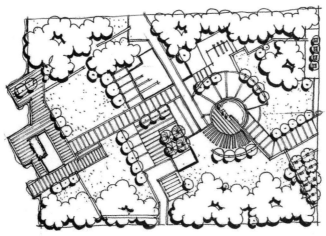

比例为 1:500 的平面图图例

不同比例尺的总平面图（周清源 绘制）

3.立面图、剖面图的绘制

绘制景观立面图、剖面图是对场地空间的进一步诠释，它能清晰地表达景观的主要形态、空间关系和构造形式，尤其是设计场地竖向高程变化较明显的，或者以地形整合为主要内容的景观环境。立面图和剖面图更是检验平面方案是否合理、空间尺度是否合适，以及表现主体空间与次要空间的主从关系、虚实关系、整体轮廓控制等细节最有效的形式。

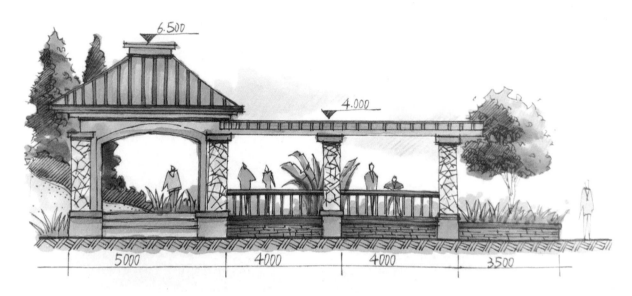

景观立面表现图（张梦如 绘制）

（1）立面图

景观立面图是用以显示设计范围内，各部分景观要素的竖向形态及景观要素之间相互关系的表现图。特别是当景观场地有高差变化时，更需要以立面图进行表达，如广场与水系、道路与花池之间的尺度关系等。

立面图应按照比例绘制景观物体的侧视图和外视图，在绘制立面图时需注意：

● 确定绘制的立面位置，立面图最好选取能够表现大部分设计要素或重要要素的立面；

● 立面图索引与总平面图上索引符号，应标明视向箭头，这条直线叫作剖切线；

● 立面图的底线应该是一条粗线，以突出地平面；

● 立面图中，各平面均平行于画面，而且各要素在图中不出现角度变形。

（2）剖面图

剖面图表现平面图中的某一个被连续切开的部分，展示被切开位置的景观环境中各要素的形态、内部构造和地平面轮廓。它是表现景观形态与内部构造形式关系的一种必要的形式。

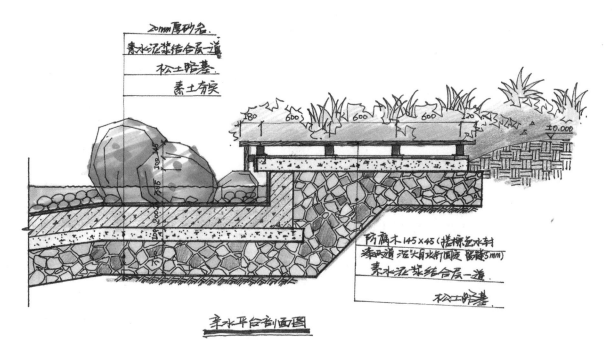

景观剖面表现图（张梦如 绘制）

绘制剖面图时需要注意的问题：

● 明确剖开的那一面在需要表明关键形态的平面位置后，确定剖面图的位置和范围；

● 剖面图的剖切线应用视向箭头标在平面图上，连续切开的线，即剖切线，不一定是一条直线，可以有转折，以尽量包含更多的情况；

● 用较深的粗线条绘制被剖切物体的外轮廓线，如地面、墙体、水池、花池、亭、廊的外轮廓；

● 剖面图的底线应该是一条粗线，剖面底线的下部应按实际工程的内部用材和景观工程的专用图例表示；

● 剖面图中，各平面均平行于画面。

（3）立面图、剖面图的优化

在绘制景观立面图和剖面图时，还要注意对画面的整体构图、空间层次、虚实关系进行调整处理。

●近景的诸要素应该用较粗的线条来描绘，随着景观各设计元素推入远景，线条要变得较细。

● 以线条的轻重对近景、中景、远景进行润色，将最深的线条用于近景，利用线的深浅使视图显得虚实得当。

● 确定受光、背光的位置，并画出阴影。

● 为使图面更加生动并显示空间尺度，可以绘制单独或成群站立的人物作配景。

● 天空和云彩可以组织色调和烘托气氛。云彩的绘制应根据画面的需要决定。

4.景观节点图的绘制

景观节点图是反映景观构筑物重点部位的连接方法、材料品种、施工工艺等信息的工程图。设计中，对于整幅画面无法表示清楚的某一个细节部分可用节点图单独表现其局部构造。节点图相对于平面、立面、剖面和详图更为细致。节点图的比例一般是1:5左右。

绘制景观节点图，要做到图形准确，图例构造明确清晰，尺寸标注细致规范，定位轴线、索引符号、控制性标高、图示比例等也应标注准确。对图样中的用材做法、材质色彩、规格大小等可用文字标注清楚。

景观设计节点图的绘制方法如下：

- 选比例、定图幅；

- 绘制出景观构筑物形体轮廓；

- 绘制出各部位的构造层次及材料图例；

- 凡是剖切到的节点结构和材料的断面轮廓线均以粗实线绘制，其余的用细实线绘制；

- 标注尺寸、标高、轴线、索引符号、图名和比例。

5.分析图内容及绘制

分析图的绘制过程就是对设计场地的空间形成的推演过程。通常，可以在较小的比例尺下对场地设计进行现有用地的条件分析、整理与归纳。

分析图的表达方式可以是平面图、透视图、剖面图、细部图，甚至是结构图。常用的分析图大多采用平面图示意，是介于草图与正式平面图之间的表示方式。

常见的分析图有场地现状分析图、空间结构分析图、道路系统分析图、景观节点分析图、景观植物分析图。

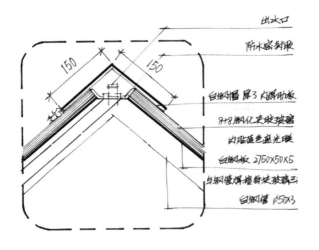 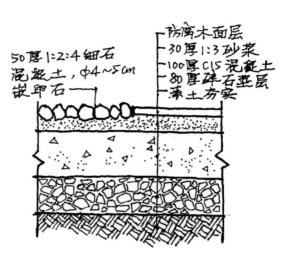

景观节点表现图

（1）场地现状分析图

场地现状分析包括场地内环境与场地外环境两部分的分析。场地外环境分析包括用地性质、人流交通、空间密度、景观特征、日照风向、功能区域等。场地内环境分析则包括空间性质、地形、植被类型、水体形式、景观的视觉视线等。在场地内、外环境分析的基础上整合得出空间整体的概念构想。

（2）空间结构分析图

空间结构分析图主要体现场地空间的区块划分，通常以若干条控制线把规划场地划分开来，体现出不同场地空间类型，反映各功能区之间的结构关系、主要功能项目的位置、功能区之间及主要功能项目之间的相互关系。

（3）道路系统分析图

在场地设计中，道路是以系统的方式出现的。道路设计主要表达两个方面的内容：道路分级与场地连通。

道路系统分析图需要划分出主要道路、次要道路以及支路，并标注集散广场、小型停留点或景点等。通常，道路边线用双实线标识，线条宽度为主路最粗，次路次之，支路最细。

（4）景观节点分析图

景观节点的分析应在空间结构分析的基础上，进一步确定不同场所空间的核心节点和他景点的位置、特征及其相互之间的视线关系，并以道路的动线方式进行衔接。景观节点的预设与道路的衔接基本上要以控制线为依据，可以通过控制线确定道路的空间宽度以及节点的面积规模，进而赋予类型空间以更加明确的功能属性和主题特征。

在景观节点分析图中，点类图示一般用于表现景观的视觉焦点，线类图示一般用于表示视线的方向。

（5）景观植物分析图

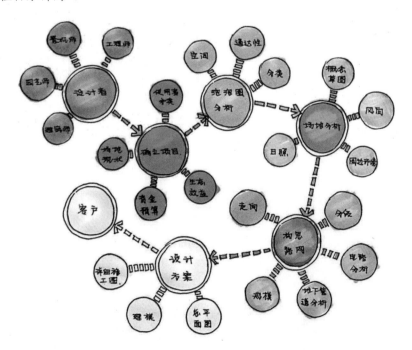

场地现状分析图例

　　植物是构成景观的一个重要组成部分，需符合整体布局上的空间要求。

　　对于比例尺大于或等于1:500的图面需要对植物进行单株标识，但只要表现出乔木、灌木、草坪三个层次的植物种类与基本配置形式即可，同时也可以用色彩的变化表达植物季相的不同，不作园林植物品种、规格、数量、苗木表等详细内容的要求。通常，在比例尺小于1:1000的图纸上只要标识出植物的空间形态与边界即可，同时还应以不同的色彩区分植物的季相变化以及疏密种植形式。

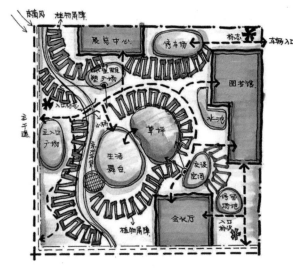

空间结构分析图例（周清源 绘制）

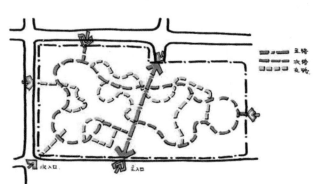

道路系统分析图例（周清源 绘制）

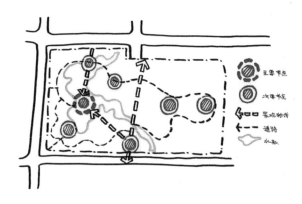

景观节点分析图例（周清源 绘制）

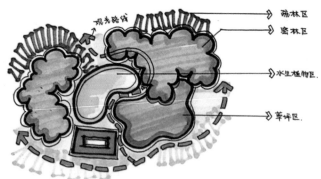

景观植物分析图例（周清源 绘制）

二、景观设计手绘表现方案图的图面排版

通常，一套完整的景观设计手绘方案图是从绘制设计草图、总平面图、分析图、立面图（剖面图），到配以效果图（透视图、鸟瞰图）以及部分的文字说明的过程。最终，还需将不同类型的手绘表现图依据图面版式的布局规律组织在一张大图中进行综合展现，这也就涉及每张图的大小和最终大图的图面版式。

1.图面排版要求

图面排版的首要工作就是确保图面的清晰与完整。在具体绘制各类表现图之前就应该在版面中确定大概的控制线，以便深入确定各类图的位置。

排版布局时，应注意以下几点：

● 总平面图一般布局在图纸的核心位置，可在平面图的下方安排立面图或剖面图，方便比例的统一控制；

● 所有的立面图、剖面图、平面图都应在垂直方向上对齐，在水平方向上也要尽可能对齐；

● 各类分析图一般采用小比例，以序列的方式集中排列布局，布局时也要参考图面内较大的图纸的位置，尽量寻求对齐的关系；

● 效果图在版面内是最容易成为视觉中心和出彩的部分，所以绘制的面积不宜过小，也不宜破坏画面的整体感；

● 说明文字要成段落、成块面，可以图片的概念来进行版面布局，确保与整体图面统一；

● 大标题一般位于整体图面的最上方或垂直一侧，一般绘制好控制边线后再填写标题；

● 图面中，指北针、比例尺、图题、图例均要标识清晰准确，且缺一不可；

● 图面版式的布局一方面要满足均衡美观与艺术性要求，另一方面也要符合人的一般阅读习惯。因此，在布局版面时要遵循场地设计方案的形成规律，从概念到形态，从分析图到效果图，版式的安排也应该由上至下，由左至右，做到主次分明。

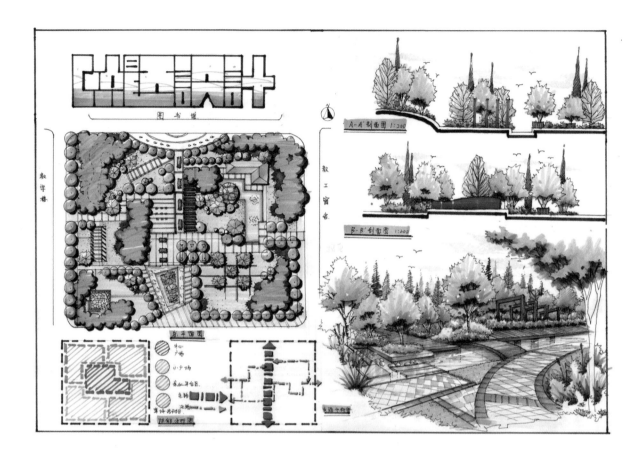

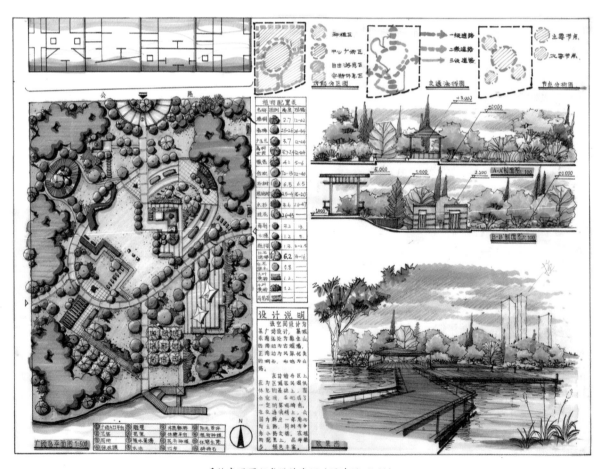

手绘表现图版式设计案例（周清源 绘制）

2.常用的版式布局形式

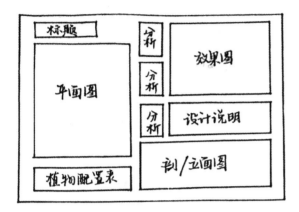

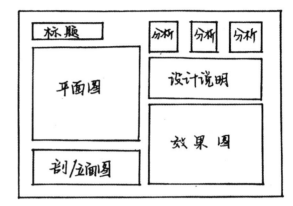

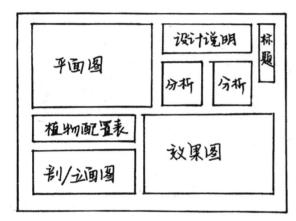

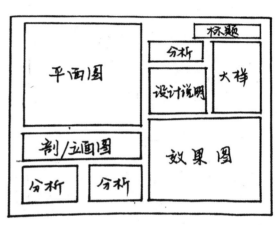

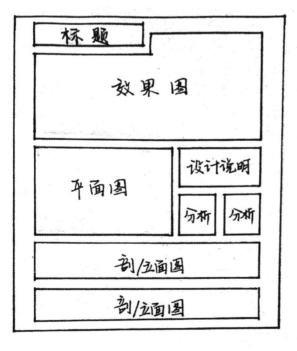

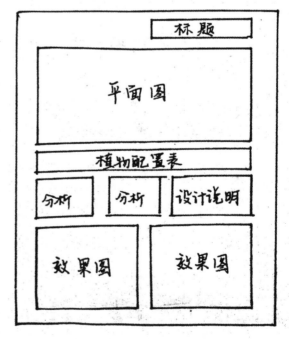

三、景观设计手绘表现方案图的色彩处理

　　景观工程图的表现应以线条表现为主，色彩表现为辅。绘制时根据具体的情况可灵活表现，常用方式有三种。

　　●只突出表现需要重点强调的景物色彩。

　　●对整个图面进行淡雅铺色。

　　●只对局部景观植物铺色。

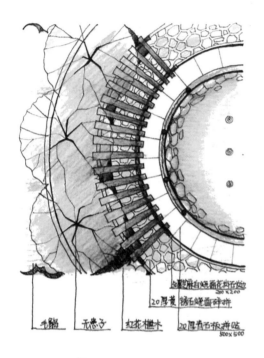

铺色强调重点的景观表现工程图

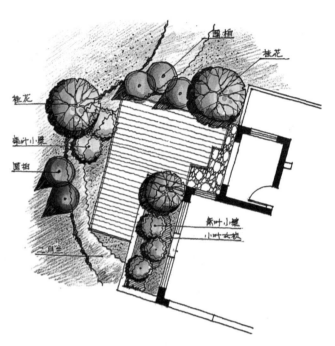

只对植物铺色的景观表现工程图

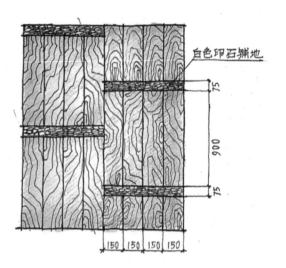

整体铺色的景观表现工程图